畜牧养殖技术研究

冯　健　赵玉娟　张绍云◎著

吉林科学技术出版社

图书在版编目（CIP）数据

畜牧养殖技术研究 / 冯健，赵玉娟，张绍云著. —
长春：吉林科学技术出版社，2023.6
ISBN 978-7-5744-0610-0

Ⅰ．①畜… Ⅱ．①冯… ②赵… ③张… Ⅲ．①畜禽—
饲养管理—研究 Ⅳ．①S815

中国国家版本馆 CIP 数据核字(2023)第 130198 号

畜牧养殖技术研究

著	冯 健 赵玉娟 张绍云	
出 版 人	宛 霞	
责任编辑	穆 楠	
封面设计	金熙腾达	
制 版	金熙腾达	
幅面尺寸	185mm × 260mm	
开 本	16	
字 数	274 千字	
印 张	12	
印 数	1–1500 册	
版 次	2023年6月第1版	
印 次	2024年2月第1次印刷	

出 版	吉林科学技术出版社
发 行	吉林科学技术出版社
地 址	长春市福祉大路5788号
邮 编	130118
发行部电话/传真	0431-81629529 81629530 81629531
	81629532 81629533 81629534
储运部电话	0431-86059116
编辑部电话	0431-81629518
印 刷	三河市嵩川印刷有限公司

书 号	ISBN 978-7-5744-0610-0
定 价	72.00元

前　言

养殖业是农业经济结构中的支柱产业，也是农民增收、农业增效的主要途径。养殖业的发达程度是一个国家农业发展水平的重要标志。21世纪，我国养殖业已经进入一个全新的发展时期，随着人们生活质量的大幅度提高，畜禽产品消费需求已由数量型向质量型转变，人们越来越注重畜禽产品的质量和安全，对畜禽产品供应提出了更新、更高的要求。近年来，我国畜禽养殖业得到了快速发展，不断趋于专业化、集约化、规模化和标准化。生产者越来越依靠科学养殖技术进行饲养和管理，同时随着人民生活水平的提高，人们对食物的质量要求也越来越高。因此，生产安全、卫生、无公害的畜禽产品成为今后我国养殖行业发展的趋势。这就需要养殖生产者在生产中提高养殖科技含量，依靠科学技术进行健康高效的养殖，既要生产出优质、安全、绿色的畜禽产品，又要在养殖业的发展过程中处理好养殖和环境保护的关系，这样才能保证养殖业的健康发展。

本书从畜禽养殖技术基础知识出发，介绍了动物养殖环境与卫生保健、动物生长发育规律、动物育种及杂种的优势、畜禽的选育与利用以及畜禽繁殖技术等内容。重点阐述了猪、牛、羊、鸡、鸭、鹅等畜禽的饲养管理技术与常见疾病防治方法，以及畜禽粪污染资源化利用技术。本书可供畜禽养殖单位和个人及农林相关专业使用和参考。

本书在写作的过程中得到了广大同事的帮助，也参考了许多同行及相关领域专家的文献资料，在此表示衷心的感谢！由于作者水平有限，时间较为仓促，书中有遗漏或不足之处，敬请广大读者和专家提出宝贵意见。

作者
2023 年 7 月

目录

第一章 畜禽养殖技术基础知识

第一节 概论

一、推广畜禽养殖技术的意义

我国乡村的发展，离不开乡村经济体制的变革，在市场经济不断完善的条件下，我国乡村的畜牧业经济也不断发展。但当前，我国的畜牧养殖技术程度处在比较低的位置，提升的空间还很大，所以必须完成传统到现代的转型，而转型后的工作重心之一就是开展畜牧科技的推广工作，向乡村的养殖户主们引荐新的养殖种类，教授给他们新的养殖技术，改善乡村的养殖环境，提高乡村养殖户的养殖技术。经过现代养殖技术的推广，进一步提升我国乡村养殖户的科学技术含量，促进乡村养殖业的发展，进一步增加乡村畜牧业养殖的经济效益。

二、推广畜禽养殖技术的途径

（一）培养技术推广人员

要想进行推广畜牧养殖技术，具有科学技术才能的乡村人员是主力军，因此提高乡村畜牧养殖户的科学技术水平，让他们来率领畜牧业养殖新技术和新学问的推广，是非常有必要的。因而，建立一支掌握养殖新技术和新学问的乡村畜牧业养殖技术推广队伍，是当前推广工作的迫切需求。首先，要处理养殖中心缺少技术人员的状况。应该选取有能力做推广工作的技术工作人员，合理设置薪酬标准来吸引一些高校的畜牧养殖专业人才，保证畜牧养殖技术推广的质量。其次，要对原有的技术人员展开新技术的培训，特别是对一些年龄较轻、接受能力好并具有一定文化根底的人员，为他们创造更多的学习机会，鼓励他们进行畜牧养殖技术自学或者进入学校学习，使他们成为畜牧养殖新技术合格的推广人才。

（二）增加推广资金投入

资金投入可以很好地促进畜牧养殖技术推广工作的进程。要扩大畜牧养殖技术的推广范围，最重要的是增加投入。目前，我国已经将农业技术推广工作划为社会公益性工作，因此推广工作的资金，必须依托国家的资金投入。特别是关于推广设备设施建立的投入，能够保证推广工作有场地展开。此外，需要更新养殖技术推广人员的知识，这样才能使所

-1-

推广的技术能够满足现代养殖业。因而，各个市和县政府应该加大养殖技术投入，组织养殖技术推广部门进行新技艺的培训，做好各县专业物资的配送和供给工作，置办推广工作所必备的一些电教设备。此外，需要投入资金增强乡村养殖技术推广设施的建立。例如，推行办公室的建立，畜禽舍、检验室和实验场地的建立等，而相关的畜牧养殖技术推广的设备也不可短少。

（三）优化技术推广方式

我国畜牧养殖技术的推广是一项宏大的工程，但现今推广的技术还比较落后，推广的方式也陈旧，无法获得理想的效果。因而，推广先进的养殖技术，优化推广技术方式是当前工作的重心。首先，需要重立起推广工作运行的推广基地，在基地中进行养殖技术和项目的实验、培训和理论学习，这有利于提升养殖技术推广人员的养殖技术。其次，能够对外开放推广基地，吸收养殖户和畜牧爱好者进入参观，并展开一定的技术研究活动。另外，推广基地招收学员进行养殖技术的学习。这些学员毕业后，直接参与养殖活动，经过和其他养殖户交流，达到养殖新技术推广的目的。

我国乡村畜牧业的发展，养殖技术推广是关键。当前，我国畜牧养殖技术在推广上的问题很多，影响了我国畜牧业发展的进程。为了畜牧业更好地开展，国家要加大资金的投入，努力建立一支有推广才能的队伍，摒弃传统的推广方式，应用现代方式进行推广，使乡村养殖户能够学习到先进的养殖技术，推进我国现代畜牧业的发展。

第二节　动物养殖环境与卫生保健

一、猪场的规划与建设

（一）猪场的规划与布局

1. 场区规划

猪场布局包括场区的总平面布置、场内道路和排污布置、场区绿化三部分内容。

（1）场区平面布置

一个完善的规模化猪场在总体布局上应包括四个功能区，即生活、生产管理区、生产区和隔离区。考虑到防疫和方便管理，应根据地势和主风向合理安排各区。

①生活区

生活区包括职工宿舍、食堂、文化娱乐室、活动或运动场地等。此区应设在猪场大门外面地势较高的上风向，避免生产区臭气与粪水的污染，也便于与外界联系。

②生产管理区

包括消毒室、接待室、办公室、会议室、技术室、化验分析室、饲料厂、仓库、车库和水电供应设施等。该区与社会联系频繁，与场内饲养管理工作关系密切，应严格防疫，门口应设置车辆消毒池、人员消毒更衣室。生产管理区与生产区间应有墙隔开，进入生产区门口再设消毒池、更衣消毒室以及洗澡间，非本场车辆一律禁止入场。此区也应设在地势较高的上风向或偏风向。

③生产区

包括各类猪舍和生产设施，是猪场的最主要区域，禁止一切外来车辆与人员入内。饲料运输用场内小车经料库内门发放饲料，围墙处设有装猪台，售猪时经装猪台装车。

④隔离区

此区包括兽医室、隔离猪舍、尸体剖检和处理设施、粪污处理区等。该区是卫生防疫和环境保护的重点，应设在地势较低的下风向，并注意消毒及防护。

（2）场内道路和排污布置

道路是猪场总体布局中一个重要组成部分，它与猪场生产、防疫有重要关系。猪场内应分出净道和污道，互不交叉。净道正对猪场大门，是人员行走和运送饲料的道路。污道靠猪场边墙，是处理粪污和病死猪等的通道，由侧后门运出。场内道路要求防水防滑，生产区不宜设直通场外的道路，以利于卫生防疫。

（3）场区绿化

猪场绿化可在猪场北面设防风林，猪场周围设隔离林，场区各猪舍之间、道路两旁种植树木以遮荫绿化，场区裸露地面上种植花草。

2.建筑物布局

生活区和生产管理区宜设在猪场大门附近，门口分设行人和车辆消毒池，两侧设值班室和更衣室。生产区内种猪、仔猪应置于上风向和地势较高处。分娩猪舍要靠近妊娠猪舍，又要接近仔猪培育舍，育成猪舍靠近育肥猪舍，育肥猪舍应设在下风向。商品猪舍置于离场门或围墙近处，围墙内侧设有装猪台，运输车辆停在围墙外。

（二）场址选择

1.地形和地势

地形要求开阔整齐，面积充足，符合当地城乡建设的发展规划并留有发展余地；要求地势平坦高燥、背风向阳，地下水位应在地面2米以下，坡度为最大不得超过25°。

2.水源和水质

要求水量充足、水质良好、取用方便，利于防护；养猪场必须要有符合饮用水卫生标准的水源。

3. 土壤类型

应选择土质坚实、渗水性强的沙壤土最为理想。

4. 社会联系

一般情况下，养猪场与居民区或其他牧场的距离为：中、小型养猪场不小于 500 米，大型场养猪场不小于 1 000 米；距离各种化工厂、畜产品加工厂 1 500 米以上；距离铁路和国家一、二级公路不少于 500 米。

（三）猪舍的类型

猪舍的设计与建筑，首先，要符合养猪生产工艺流程；其次，要考虑各自的实际情况。黄河以南地区以防潮隔热和防暑降温为主；黄河以北则以防寒保温和防潮防湿为重点。

1. 公猪舍

公猪舍一般为单列或双列半开放式，舍内温度 16 ~ 21℃，风速 0.2 米 / 秒，内设走廊，外有小运动场，以增加种公猪的运动量，一圈一头。

2. 空怀和妊娠母猪舍

空怀和妊娠母猪前期最常用的一种饲养方式是分组大栏群饲，一般每栏饲养空怀母猪 4 ~ 5 头、妊娠母猪 2 ~ 4 头，妊娠母猪后期则采用限位栏方式饲养。圈栏的结构有实体式、栏栅式、综合式三种，猪圈布置多为双列式。大栏面积一般 7 ~ 9 平方米，限位栏一般 1.2 平方米，地面坡降不要大于 1/45，地表不能太光滑，以防母猪跌倒。舍温要求 18 ~ 22℃，风速 0.2 米 / 秒。

3. 分娩哺育舍

分娩舍即产房，通常每个单元一间房舍，采用全进全出的饲养方式。产房内设有分娩栏，布置多为单列式或双列式，大型猪场也有三列式。舍内温度要求 15 ~ 20℃，风速 0.2 米 / 秒。分娩栏位结构也因条件而异。

（1）地面分娩栏

采用单体栏，中间部分是母猪限位架，两侧是仔猪采食、饮水、取暖等活动的地方。母猪限位架的前方是前门，前门上设有料槽和饮水器，供母猪采食、饮水；限位架后部有后门，供母猪进入及清粪操作。可在栏位后部设漏缝地板，以排除栏内的粪便和污物。

（2）网上分娩栏

网上分娩栏主要由分娩栏、仔猪围栏、钢筋编织的漏缝地板网、保温箱、支腿等组成。

4. 仔猪保育舍

舍内温度要求 22 ~ 26℃，风速 0.2 米 / 秒。可采用网上保育栏，1 ~ 2 窝一栏网上饲养，用自动落料槽，自由采食。网上培育减少了仔猪患病概率，有利于仔猪健康，提高了仔猪成活率。仔猪保育栏主要由钢筋编织的漏缝地板网、围栏、自动落料槽、连接卡等组成。

5. 生长、育肥舍和后备母猪舍

舍内温度18～24℃，风速0.2米/秒。这三种猪舍均采用大栏地面群养方式，自由采食，其结构形式基本相同，只是在外形尺寸上因饲养头数和猪体大小的不同而有所变化。

（四）养猪主要设备

1. 猪栏设备

根据所用材料的不同，分为实体猪栏、栏栅式猪栏和综合式猪栏三种形式。

实体猪栏采用砖砌结构（厚120厘米，高1～1.2米）外抹水泥，或采用水泥预制构件（厚50厘米左右）组装而成；栏栅式猪栏采用金属型材焊接成栏栅状再固定装配而成；综合式猪栏是以上两种形式的猪栏综合而成，两猪栏相邻的隔栏采用实体结构，沿喂饲通道的正面采用栏栅式结构。

根据猪栏内所养猪种类的不同，猪栏又分为公猪栏、配种猪栏、母猪栏、母猪分娩栏、保育猪栏、生长猪栏和育肥猪栏。

（1）公猪栏

指饲养种公猪的猪栏。按每栏饲养1头公猪设计，一般栏高1.2～1.4米，占地面积6～7平方米。通常舍外与舍内公猪栏相对应的位置要配置运动场。工厂化猪场一般不设配种栏，公猪栏同时兼作配种栏。

（2）母猪栏

指饲养后备、空怀和妊娠母猪的猪栏，按要求分为群养母猪栏、单体母猪栏和母猪分娩栏三种。

①群养母猪栏

通常6～8头母猪占用一个猪栏，栏高为1.0米左右，每头母猪所需面积1.2～1.6平方米。主要用于饲养后备和空怀母猪，也可饲养妊娠母猪，但要注意防止母猪抢食而引起流产。

②单体母猪栏

每个栏中饲养1头母猪，栏长2.0～2.3米，栏高1.0米，栏宽0.6～0.7米。主要用于饲养妊娠母猪。

③母猪分娩栏

指饲养分娩哺乳母猪的猪栏，主要由母猪限位架、仔猪围栏、仔猪保温箱和网床四部分组成。其中，母猪限位架长2.0～2.3米，宽0.6～0.7米，高1.0米；仔猪围栏的长度与母猪限位架相同，宽1.7～1.8米，高0.5～0.6米；仔猪保温箱是用水泥预制板、玻璃钢或其他具有高强度的保温材料，在仔猪围栏区特定的位置分隔而成。

（3）保育栏

指饲养保育猪的猪栏，主要由围栏、自动食槽和网床三部分组成。按每头保育仔猪所需网床面积 0.30 ~ 0.35 平方米设计，一般栏高为 0.7 米左右。

（4）生长栏和育肥栏

指饲养生长猪和育肥猪的猪栏。猪通常在地面上饲养，栏内地面铺设局部漏缝地板或金属漏缝地板，其栏架有金属栏和实体式两种结构。一般生长栏高 0.8 ~ 0.9 米，育肥栏高 0.9 ~ 1.0 米，生长猪栏占地面积为每头 0.5 ~ 0.6 平方米，育肥栏占地面积为每头 0.8 ~ 1.0 平方米。

2. 漏缝地板

现代猪场为了保持栏内的清洁卫生，改善环境条件，减少人工清扫，普遍采用粪尿沟上设漏缝地板，漏缝地板的类型有钢筋混凝土板条、钢筋编织网、钢筋焊接网等。对漏缝地板的要求是耐腐蚀、不变形、表面平而不滑、导热性小、坚固耐用、漏粪效果好、易冲洗消毒，适应所饲养猪的行走站立，不卡猪蹄。

3. 饲喂设备

（1）自动食槽

自动食槽是指采用自由采食喂饲方式的猪群所使用的食槽。它是在食槽的顶部装有饲料储存箱，随着猪只的采食，饲料在重力的作用下不断落入食槽内，可以间隔较长时间加料，大大减少了饲喂工作量。

（2）限量食槽

限量食槽是指用限量喂饲方式的猪群所用的食槽，常用水泥、金属等材料制造。其中，高床网上饲养的母猪栏内常配备金属材料制造的限量食槽。公猪用的限量食槽长度为 500 ~ 800 毫米。群养母猪限量食槽长度根据它所负担猪的数量和每头猪所需要的采食长度（300 ~ 500 毫米）而定。

4. 饮水设备

饮水设备是指为猪舍猪群提供饮水的成套设备。猪舍饮水系统由管路、活接头、阀门和自动饮水器等组成。

5. 环境控制设备

环境控制设备指为各类猪群创造适宜温度、湿度、通风换气等使用的设备，主要有供热保温、通风降温、环境监测和全气候环境控制设备等。

（1）供热保温设备

现代猪舍的供暖，分集中供暖和局部供暖两种方法。

目前，大多数猪场采用局部供暖的方式较多，如高床网上分娩的仔猪，为了满足仔猪对温度的要求，常采用局部供暖，常用的局部供暖设备是红外线灯或红外线辐射板加热器。

（2）通风降温设备

通风降温设备是指为了排除舍内的有害气体，降低舍内的温度和控制舍内的湿度等使用的设备。

①通风机配置

侧进（机械），上排（自然）通风。

上进（自然），下排（机械）通风。

机械进风（舍内进），地下排风和自然排风。

纵向通风，一端进风（自然），一端排风（机械）。

②喷雾降温系统

指一种利用高压将水雾化后飘浮在猪舍中，吸收空气的热量使舍温降低的喷雾系统，主要由水箱、压力泵、过滤器、喷头、管路及自动控制装置组成。

③喷淋降温或滴水降温系统

指一种将水喷淋在猪身上为其降温的系统，而滴水降温系统是一种通过在猪身上滴水而为其降温的系统。

二、牛场的规划与建设

（一）牛场场址选择

1. 合适的位置

牛场的位置应选在供水、供电方便，饲草饲料来源充足，交通便利且远离居民区的地方。

2. 地势高、干燥、地形开阔

牛场应选在地势高、干燥、平坦，向南或向东南地带稍有坡度的地方，这样既有利于排水，又有利于采光。

3. 土壤的要求

土壤应选择沙壤土为宜，沙壤土能保持场内干燥，温度较恒定。

4. 水源的要求

创建牛场要有充足的、符合卫生标准的水源供应。

（二）牛场的规划布局

牛场按功能规划为以下分区：生活区、管理区、生产区、粪尿处理区和病牛隔离区。根据当地的主要风向和地势高低依次排列。

1. 生活区

建在其他各区的上风头和地势较高的地段，并与其他各区用围墙隔开一段距离，以保证职工生活区的良好卫生条件，同时也是牛群卫生防疫的需要。

2. 管理区

管理区要和生产区严格分开，保证 50 米以上的距离，外来人员只能在管理区活动。

3. 生产区

应设在场区的较下风位置，禁止场外人员和车辆进入，要保证该区安全、安静。

4. 粪尿处理区

生产区污水和生活区污水收集到粪尿处理区，进行无害化处理后排出场外。

5. 病牛隔离区

建高围墙与其他各区隔离，相距 100 米以上，处在下风向和地势最低处。

（三）牛场建设

1. 肉牛舍建设

（1）牛舍类型

①半开放牛舍

半开放牛舍三面有墙，向阳一面敞开，有部分顶棚，在敞开一侧设有围栏，水槽、料槽设在栏内，肉牛散放其中。每舍（群）15～20头，每头牛占有面积4～5平方米。这类牛舍造价低，节省劳动力，但冬天防寒效果不佳。

②塑料暖棚牛舍

塑料暖棚牛舍属于半开放牛舍的一种，是近年北方寒冷地区推出的一种较保温的半开放牛舍。

③封闭牛舍

封闭牛舍四面有墙和窗户，顶棚全部覆盖，分单列封闭舍和双列封闭舍。

（2）牛舍结构

①地基与墙体

地基深80～100厘米，砖墙厚24厘米，双坡式牛舍脊高4.0～5.0米，前后檐高3.0～3.5米。牛舍内墙的下部设墙围，防止水气渗入墙体，提高墙的坚固性、保温性。

②门窗

门高2.1～2.2米，宽2.0～2.5米。封闭式的牛舍窗应大一些，高1.5米，宽1.5米，窗台距地面1.2米为宜。

③屋顶

最常用的是双坡式屋顶。

④牛床

一般的牛床设计是使牛前躯靠近料槽后壁，后肢接近牛床边缘，粪便能直接落入粪沟内即可。

⑤料槽

料槽建成固定式的、活动式的均可。水泥槽、铁槽、木槽均可用作牛的饲槽。

⑥粪沟

牛床与通道间设有排粪沟，沟宽35～40厘米，深10～15厘米，沟底呈一定坡度，以便污水流淌。

⑦清粪通道

清粪通道也是牛进出的通道，多修成水泥路面，路面应有一定坡度，并刻上线条防滑。清粪道宽1.5 ~ 2.0米。牛栏两端也留有清粪通道，宽为1.5 ~ 2.0米。

⑧饲料通道

在饲槽前设置饲料通道。通道高出地面10厘米为宜，饲料通道一般宽1.5 ~ 2.0米。

⑨运动场

多设在两舍间的空余地带，四周栅栏围起，将牛拴系或散放其内。每头牛应占面积为：成牛15 ~ 20平方米、育成牛10 ~ 15平方米、犊牛5 ~ 10平方米。

2. 奶牛舍建设

（1）牛舍类型

①舍饲拴系饲养方式

成奶牛舍多采用双坡双列式或钟楼、半钟楼式双列式。双列式又分对头式与对尾式两种。每头成奶牛占用面积8 ~ 10平方米，跨度10.5 ~ 12米，百头牛舍长度80 ~ 90米。青年牛舍、育成牛舍大多采用单坡单列敞开式。每头牛占用面积6 ~ 7平方米，跨度5 ~ 6米。犊牛舍多采用封闭单列式或双列式。犊牛栏长1.2 ~ 1.5米，宽1 ~ 1.2米，高1米，栏腿距地面20 ~ 30厘米，可随时移动，不应固定。

②散放饲养方式

挤奶厅设有通道、出入口、自由门等，主要方便奶牛进出。自由休息牛栏一般建于运动场北侧，每头牛的休息牛床用85厘米高的钢管隔开，长1.8 ~ 2.0米，宽1.0 ~ 1.2米，牛只能躺卧不能转动，牛床后端设有漏缝地板，使粪尿漏入粪尿沟。

（2）牛舍结构

①基础

要求有足够的强度和稳定性，必须坚固。

②墙壁

墙壁要求坚固结实、抗震、防水、防火，并具良好的保温与隔热特性，同时要便于清洗和消毒。一般多采用砖墙。

③屋顶

要求质轻，坚固耐用、防水、防火、隔热保温；能抵抗雨雪、强风等外力因素的影响。

④地面

牛舍地面要求致密坚实，不硬不滑，温暖有弹性，易清洗消毒。

⑤门

牛舍门高不低于2米，宽2.2 ~ 2.4米。

⑥窗

一般窗户宽为1.5 ~ 2.0米，高2.2 ~ 2.4米，窗台距地面1.2米。

三、羊场的规划与建设

（一）羊场的规划与布局

1. 场地的选择

羊场场址选择时应根据其生产特点、经营形式、饲养管理方式进行全面考虑。场址选择应遵循以下基本原则。

（1）地形地势

羊场要求地势高燥，向阳避风，地下水位低，地形平坦，开阔整齐，有足够的面积，并留有一定的发展余地。

（2）饲料饲草的来源

羊场饲草饲料应来源方便，充分利用当地的饲草资源。以舍饲为主的农区，要有足够的饲料饲草基地或饲草饲料来源。而北方牧区和南方草山草坡地区要有充足的放牧场地及大面积人工草地。

（3）水源条件好

要有充足而清洁的水源，且取用方便，设备投资少。切忌在严重缺水或水源严重污染地区建场。

（4）交通、通信方便，能源供应充足

要远离主干道，与交通要道、工厂及住宅区保持500～1 000米以上距离，以利于防疫及保持环境卫生。

2. 场区规划和平面布局

（1）场区规划

按羊场的经营管理功能，可划分为生活管理区、生产区和病羊隔离区。

生活管理区包括羊场经营管理有关的建筑物，羊的产品加工、储存、销售，生活资料供应以及职工生活福利建筑物与设施等，应位于羊场的上风向和地势较高地段，以确保良好的环境卫生。

生产区包括各种羊舍、饲料仓库、饲料加工调制建筑物等。建在生活管理区的下风向，严禁非生产人员及外来人员出入生产区。

病羊隔离区包括兽医室、病羊隔离舍等，该区应设在生产区的下风向处，并与羊舍保持一定距离。

（2）场区的平面布局

羊场的建筑物布局应根据羊场规模、地形地势条件及彼此间的功能联系进行统筹安排。

生活管理区的经营活动与外界社会经常发生极密切的联系，应设在靠近交通干线、靠近场区大门的地方，并与生产区有隔离设施。

生产区是羊场的核心，应根据其规模和经营管理方式，进一步规划小区布局。应将种羊、幼羊、商品羊分开设在不同地段，分小区饲养管理。病羊隔离舍应尽可能与外界隔绝，并设单独的通路与出入口。

（二）羊舍建设及内部设施

1.羊舍建筑设计的基本技术参数

（1）羊舍的环境要求

①羊舍温度

羊舍适宜温度范围 8 ~ 21℃，最适温度范围 10 ~ 15℃。冬季产羔舍舍温应不低于 8℃，其他羊舍不低于 0℃；夏季舍温不超过 30℃。

②羊舍湿度

羊舍内的适宜相对湿度以 50% ~ 70% 为宜，最好不要超过 80%。羊舍应保持干燥，地面不能太潮湿。

③羊舍的通风换气

通风换气的目的是排出舍内的污浊气体，保持舍内空气新鲜，防止羊舍内空气中的氨气（NH_3）、硫化氢（H_2S）、二氧化碳（CO_2）等含量超标，危害羊只的健康。

④羊舍光照

羊舍采光系数即窗的受光面积与舍内地面的面积比为，成年羊舍 1 : 15，高产绵羊舍 1 :（10 ~ 12），羔羊舍 1 :（15 ~ 20）。应保证冬季羊床上有 6 小时的阳光照射。

（2）羊舍的基本结构要求及其技术参数

①羊舍面积

根据羊的品种、数量和饲养方式而定。各类羊所需的适宜面积见表 1-1。

表 1-1 各类羊只所需的羊舍面积

羊别	种公羊(独栏)	群养公羊	成年母羊	育成母羊	去势羔羊
面积（m²/ 只）	4 ~ 6	1.8 ~ 2.25	1.1 ~ 1.6	0.7 ~ 0.8	0.6 ~ 0.8

产羔舍可按基础母羊数 20% ~ 25% 计算面积，运动场一般为羊舍面积的 2 ~ 2.5 倍，成年羊运动场面积按每只 4 平方米计算。

②地面

羊舍的地面有实地面和漏缝地面两种。

③墙

墙体是羊舍的主要围护结构，有隔热、保暖作用。

④门

羊舍一般门宽 2.5 ~ 3.0 米，高 1.8 ~ 2.0 米。

⑤窗

窗设在羊舍墙上，起到通风、采光的作用。

⑥屋顶与天棚

屋顶是羊舍上部的外围护结构，具有防雨雪、风沙和保温隔热的功能。天棚是将羊舍与屋顶下空间隔开的结构。其主要功能可加强房屋的保温隔热性能，同时也有利于通风换气。

羊舍净高以 2.0 ~ 2.4 米为宜，在寒冷地区可降低高度。单坡式羊舍一般前高 2.2 ~ 2.5 米，后高 1.7 ~ 2.0 米，屋顶斜面呈 45°。

2. 羊舍及附属设施

（1）羊舍类型

羊舍类型按屋顶形式可分为单坡式、双坡式、钟楼式或拱式屋顶等；按墙通风情况有封闭舍、开放舍及半开放舍；按地面羊床设置可分双列式、单列式等不同的类型。下面列举几种较为常见的羊舍：

①半开放双坡式羊舍

这种羊舍三面有墙，一面有半截长墙，故保温性较差，但通风采光良好。平面布局可分为曲尺形，也可为长方形。

②封闭双坡式羊舍

这种羊舍四周墙壁密闭性好，双坡式屋顶跨度大。若为单列式羊床，走道宽 1.2 米，建在栏的北边，饲槽建在靠窗户走道侧，走道墙高 1.2 米（下部为隔栅），以便羊头从栅缝伸进饲槽采食。亦可改为双列式，中间设 1.5 米宽走道，走道两侧分设通长饲槽，以便补饲草料。

③楼式羊舍

这种羊舍羊床距地面 1.5 ~ 1.8 米，用水泥漏缝预制件或木条铺设，缝隙宽 1.5 ~ 2.0 厘米，以便粪尿漏下。羊舍南面为半敞开式，舍门宽 1.5 ~ 2.0 米。通风良好，防暑、防潮性能好，适合于南方多雨、潮湿的平原地区。

④吊楼式羊舍

这种羊舍多利用山坡修建，距地面一定高度建成吊楼，双坡式屋顶，封闭式或南面修成半敞开式，木条漏缝地面或水泥漏缝预制件铺设，缝隙宽 1.5 ~ 2.0 厘米，以便于粪尿漏下。这种羊舍通风、防潮、结构简单，适合于广大山区和潮湿地区。

（2）羊场附属设施

①饲料青储设施

青储饲料是农区舍饲或冬春补饲的主要优质粗饲料。为了制作青储饲料，应在羊舍附近修建青储窖或青储塔等设施。

青储窖一般是圆桶形、长方形，为地下式或半地下式。窖壁、窖底用砖、石灰、水泥砌成。青储塔用砖、石、钢筋、水泥砌成，可直接建造在羊舍旁边，取用方便。

②饲槽和饲草架

固定式永久饲槽：通常在羊舍内，尤以舍饲为主的羊舍应修建固定式永久性饲槽。悬挂式草架：用竹片、木条或钢筋、三角铁等材料做成的栅栏或草架，固定于墙上，方便补饲干草。

③活动栅栏

活动栅栏可供随时分隔羊群之用。在产羔时也可临时用活动栅栏隔成母仔栏。通常羊场都要用木板、钢筋或铁丝网等材料加工成高 1 米，长 1.2 米、1.5 米、2 ~ 3 米不等的栅栏。

④药浴池

羊药浴池一般为长方形狭长小沟，用砂石、砖、水泥砌成。池的深度不少于 1 米，长约 10 米，上口宽 50 ~ 80 厘米，池底宽 40 ~ 60 厘米，以一只羊能通过而不能转身为宜。池的入口处为陡坡，以便羊只迅速入池。出口端筑成台阶式缓坡，以便消毒后的羊只攀登上岸。入口端设储羊栏，出口端设滴流台，使药浴后羊只身上多余的药液回流池内。

四、禽场的规划与建设

（一）禽场的规划与布局

1. 禽场场址选择

场址选择必须考虑以下几个因素：

（1）自然条件

①地势地形

禽场应选在地势较高、干燥、平坦、背风向阳及排水良好的场地，以保持场区小气候的相对稳定。

②水源水质

禽场要有水量充足和水质良好的水源，同时要便于取用和进行防护。水量充足是指能满足场内人禽饮用和其他生产、生活用水的需要。

③地质土壤

砂壤土最适合场区建设。

④气候因素

规划禽场时，需要收集拟建地区与建筑设计有关和影响禽场小气候的气候气象资料和常年气象变化、灾害性天气情况等。

（2）社会条件

①城乡建设规划

禽场选址应符合本地区农牧业发展总体规划、土地利用发展规划、城乡建设发展规划和环境保护规划。

②交通运输条件

交通方便，场外应通有公路，但应远离交通干线。

③电力供应情况

有可靠的供电条件，一些家禽生产环节如孵化、育雏、机械通风等电力供应必须绝对保证。同时还须自备发电设备，以保证场内供电的稳定可靠。

④卫生防疫要求

为防止禽场受到周围环境的污染，按照畜牧场建设标准，选址时要距离铁路、高速公路、交通干线不小于 1 千米，距一般道路不少于 500 米，距其他畜牧场、兽医机构、畜禽屠宰厂不小于 2 千米，距居民区不小于 3 千米，且必须在城乡建设区常年主导风向的下风向。

⑤土地征用需要

征用土地可按场区总平面设计图计算实际占地面积（见表 1-2）。

表 1-2　土地征用面积估算

场别	饲养规模	占地面积 /（平方米 / 只）	备注
种鸡场	1 万～ 5 万只种鸡	0.6 ～ 1.0	按种鸡计
蛋鸡场	10 万～ 20 万只产蛋鸡	0.5 ～ 0.8	按种鸡计
肉鸡场	年出栏肉鸡 100 万只	0.2 ～ 0.3	按年出栏量计

⑥协调的周边环境

禽场的辅助设施，特别是蓄粪池，应尽可能远离周围住宅区，建设安全护栏，并为蓄粪池配备永久性的盖罩，防止粪便发生流失和扩散。建场的同时，最好规划一个粪便综合处理利用厂，化害为利。

2. 场区规划

（1）禽场建筑物的种类

按建筑设施的用途，禽场建筑物共分为五类，即行政管理用房、职工生活用房、生产性用房、生产辅助用房和粪污处理设施。

（2）场区规划

①禽场各种房舍和设施的分区规划

首先，考虑办公和生活场所尽量不受饲料粉尘、粪便气味和其他废弃物的污染；其次，生产禽群的卫生防疫，为杜绝各类传染源对禽群的危害，依地势、风向排列各类禽舍顺序，若地势与风向在方向上不一致时，则以风向为主。因地势而使水的地面径流造成污染时，可用地下沟改变流水方向，避免污染重点禽舍，或者利用侧风避开主风向，将要保护的禽舍建在安全位置，免受上风向空气污染。

禽场内生活区、行政区和生产区应严格分开并相隔一定距离，生活区和行政区在风向上与生产区相平行，有条件时，生活区可设置于禽场之外。

生产区是禽场布局中的主体，孵化室应和所有的禽舍相隔一定距离，最好设立于整个禽场之外。

②禽场生产流程

禽场内有两条最主要的流程线，一条流程线是从饲料（库）经禽群（舍）到产品（库），这三者间联系最频繁、劳动量最大；另一条流程线是从饲料（库）经禽群（舍）到粪污（场），其末端为粪污处理场。因此，饲料库、蛋库和粪场均要靠近生产区，但不能在生产区内。饲料库、蛋库和粪场为相反的两个末端，因此其平面位置也应是相反方向或偏角的位置。

③禽场道路

禽场内道路布局应分为清洁道和脏污道，其走向为孵化室、育雏室、育成舍和成年禽舍，各舍有入口连接清洁道。脏污道主要用于运输禽粪、死禽及禽舍内需要外出清洗的脏污设备，其走向也为孵化室、育雏室、育成舍和成年禽舍，各舍均有出口连接脏污道。清洁道和脏污道不能交叉，以免污染。净道和污道以沟渠或林带相隔。

④禽场的绿化

绿化布置能改善场区的小气候和舍内环境，有利于提高生产率。进行绿化设计必须注意不可影响场区通风和禽舍的自然通风效果。

（二）禽舍建设及内部设施

1. 家禽舍的类型

（1）开放式

舍内与外部宜接相通，可利用光、热、风等自然能源，建筑投资低，但易受外界不良气候的影响。通常有以下三种形式：

①全敞开式

又称棚式，即四周无墙壁，用网、篱笆或塑料编织物与外部隔开，由立柱支撑房顶。这种家禽舍通风效果好，但防暑、防雨、防风效果差。

②半敞开式

前墙和后墙上部敞开，敞开的面积取决于气候条件及家禽舍类型，敞开部分可以装上卷帘，高温季节便于通风，低温季节封闭保温。

③有窗式

四周用围墙封闭，南北两侧墙上设窗户作为进风口。该种家禽舍既能充分利用阳光和自然通风，又能在恶劣的气候条件下实现人工调控室内环境，兼备了开放与密闭式禽舍的双重特点。

（2）密闭式

屋顶与四壁隔温良好，通过各种设备控制与调节作用，使舍内小气候适宜于家禽生理特点的需要，减少了自然界不利因素对家禽群的影响。但建筑和设备投资高，对电的依赖性很大，饲养管理技术要求高。

2.鸡舍的平面设计

（1）平面布置形式

①平养鸡舍平面布置

根据走道与饲养区的布置形式，平养鸡舍分无走道式、单走道式、中走道双列式、双走道双列式等。

无走道式：鸡舍长度由饲养密度和饲养定额来确定，鸡舍一端设置工作间，工作间与饲养间用墙隔开，饲养间另一端设出粪门和鸡转运大门。

单走道单列式：多将走道设在北侧，有的南侧还设运动场，主要用于种鸡饲养，但利用率较低。

中走道双列式：两边为饲养区，中间设走道，利用率较高，比较经济，但对有窗鸡舍，开窗困难。

双走道双列式：在鸡舍南北两侧各设一走道，配置一套饲喂设备和一套清粪设备即可，利于开窗。

②笼养鸡舍平面布置

根据笼架配置和排列方式上的差异，笼养鸡舍的平面布置分为：

二列三走道：仅布置两列鸡笼架，靠两侧纵墙和中间共设三个走道，适用于阶梯式、叠层式和混合式笼养。

三列二走道：一般在中间布置三或二阶梯全笼架，靠两侧纵墙布置阶梯式半笼架。

三列四走道：布置三列鸡笼架，设四条走道，是较为常用的布置方式，建筑跨度适中。

（2）平面尺寸确定

平面尺寸主要是指鸡舍跨度和长度，它与鸡舍所需的建筑面积有关。

①鸡舍跨度确定

平养鸡舍的跨度 = 饲养区总宽度 + 走道总宽度

笼养鸡舍的跨度 = 鸡笼架总宽度 + 走道总宽度

一般平养鸡舍的跨度容易满足建筑要求，笼养鸡舍跨度与笼架尺寸及操作管理需要的走道宽度有关。

②鸡舍长度确定

主要考虑饲养量、饲喂设备和清粪设备的布置要求及其使用效率、场区的地形条件与总体布置。

3.禽舍内部设施

（1）饲养笼

饲养笼具分为育雏笼、蛋鸡笼、种鸡笼三种。

育雏笼：常用的育雏笼是4层或5层。笼具用镀锌铁丝网片制成，由笼架固定支撑，每层笼间设承粪板。此种育雏笼具有结构紧凑、占地面积小、饲养密度大，对于整室加温的鸡舍使用效果不错。

蛋鸡笼：我国目前生产的蛋鸡笼多为3层全阶梯或半阶梯组合方式，由笼架、笼体和护蛋板组成，每小笼饲养3～4只鸡。

种鸡笼：可分为蛋用种鸡笼和肉用种鸡笼，从配置方式上又可分为2层和3层。种鸡笼与蛋鸡笼结构相似，尺寸稍大，笼门较宽阔，便于抓鸡进行人工授精。

（2）供料设备

供料设备包括料塔、输料机、喂料设备。

料塔：用于大、中型机械化鸡场，主要用作短期储存干粉状或颗粒状配合饲料。

输料机：是料塔和舍内喂料机的连接纽带，将料塔或储料间的饲料输送到舍内喂料机的料箱内。输料机有螺旋弹簧式、螺旋叶片式、链式。目前使用较多的是前两种。

喂料设备：常用的喂饲机有螺旋弹簧式、索盘式、链板式和轨道车式四种。

（3）供水设备

饮水器的种类有以下三种。

乳头式：乳头式饮水器有雏面、平面、球面密封型三大类。乳头式饮水设备适用于笼养和平养鸡舍给成鸡或两周龄以上雏鸡供水。

吊塔式：又称普拉松饮水器，靠盘内水的重量来启闭供水阀门，即当盘内无水时，阀门打开，当盘内水达到一定量时，阀门关闭。主要用于平养鸡舍。

水槽式：水槽一般安装于食槽上方，整条水槽内保持一定水位供鸡只饮用。

供水系统：乳头式、吊塔式饮水器要与供水系统配套，供水系统由过滤器、减压装置和管路等组成。

4. 环境控制设备

（1）降温设备

①湿帘——风机降温系统

该系统由湿帘、风机、循环水路与控制装置组成，具有设备简单、成本低廉、降温效果好、运行经济等特点，比较适合高温干燥地区。湿帘——风机降温系统是目前最成熟的蒸发降温系统。

②喷雾降温系统

用高压水泵通过喷头将水喷成直径小于100微米的雾滴，雾滴在空气中迅速汽化而吸收舍内热量使舍温降低。常用的喷雾降温系统主要由水箱、水泵、过滤器、喷头、管路及控制装置组成，该系统设备简单，效果显著，但易导致舍内湿度过高和淋湿鸡羽毛，影响生产。

（2）采暖设备

①保温伞

保温伞适用于平面饲养育雏期的供暖，分电热式和燃气式两类。

电热式：伞内温度由电子控温器控制，可将伞下距地面5厘米处的温度控制在26～35℃之间，温度调节方便。

燃气式：可燃气体在辐射器处燃烧产生热量，通过保温反射罩内表面的红外线涂层向下反射远红外线，以达到提高伞下温度的目的。燃气式保温伞内的温度可通过改变悬挂高度来调节。育雏室内应有良好的通风条件，以防由于不完全燃烧产生一氧化碳而使雏鸡中毒。

②热风炉

热风炉有卧式和立式两种。送风升温快，热风出口温度为 80 ~ 120℃，比锅炉供热成本降低 50% 左右，使用方便、安全，是目前推广使用的一种采暖设备。可根据鸡舍供热面积选用不同功率热风炉。

（3）通风设备

①轴流风机

主要由外壳、叶片和电机组成。轴流风机风向与轴平行，具有风量大、耗能少、噪声低、结构简单、安装维修方便、运行可靠等特点，既可用于送风，也可用于排风。

②离心风机

主要由蜗牛形外壳、工作轮和机座组成。这种风机工作时，空气从进风口进入风机，旋转的带叶片工作轮形成离心力将其压入外壳，然后再沿着外壳经出风口送入通风管中。多用于畜舍热风和冷风输送。

（4）照明设备

①人工光照设备

包括白炽灯和荧光灯。

②照度计

可以直接测出光照强度的数值。由于家禽对光照的反应敏感，禽舍内要求的照度比日光低得多，应选用精确的仪器。

③光照控制器

其基本功能是自动启闭禽舍照明灯，利用定时器的多个时间段自编程序功能，实现精确控制舍内光照时间。

（5）清粪设备

①刮板式清粪机

用于网上平养和笼养，安置在鸡笼下的粪沟内。每开动一次，刮板做一次往返移动，刮板向前移动时将鸡粪刮到鸡舍一端的横向粪沟内，返回时，刮板上抬空行。横向粪沟内的鸡粪由螺旋清粪机排至舍外。

②输送带式清粪机

适用于叠层式笼养鸡舍清粪，主要由电机和链传动装置，主、被动辊，承粪带等组成。承粪带安装在每层鸡笼下面，启动时由电机、减速器通过链条带动各层的主动轴运转，将鸡粪输送到一端，被端部设置的刮粪板刮落，从而完成清粪作业。

5. 卫生防疫设备

（1）多功能清洗机

具有冲洗和喷雾消毒两种用途，使用 220 伏电源做动力，适用于禽舍、孵化室地面冲洗和设备洗涤消毒，具有体积小、耐腐蚀、使用方便等优点。

（2）禽舍固定管道喷雾消毒设备

是一种用机械代替人工喷雾的设备，主要由泵组、药液箱、输液管、喷头组件和固定架等构成。2 ～ 3 分钟即可完成整个禽舍消毒工作，药液喷洒均匀。在夏季与通风设备配合使用，还可降低舍内温度 3 ～ 4℃，配上高压喷枪还可作为清洗机使用。

（3）火焰消毒器

利用煤油燃烧产生的高温火焰对禽舍设备及建筑物表面进行消毒，但不可用于易燃物品的消毒，使用过程中注意防火。

五、畜牧养殖场的卫生保健

（一）畜禽养殖场卫生与保健的定义

广义的畜禽保健是指为了确保畜禽的健康所做的一切活动，包括机构设施、法律法规、行政管理、科学研究以及动物保健的日常事务；而狭义的畜禽保健是指在日常事务中的合理饲养管理和防病治病。

畜禽养殖场的卫生主要指的是办公区、养殖区、进出口、畜禽通道等地的干净卫生，主要采用的是消毒的方式，消灭病毒，为畜禽提供更舒服、无病毒的生活场所。

从根本上说，养殖场的动物营养、消毒防疫等都是为了提高畜禽的成活率、育成率，从而提高生产效益。

（二）养殖场常见的畜禽疫病

规模养猪场常见生猪疫病的外在表现是：脚痛、子宫炎、发烧等，常见的疫病有猪瘟、蓝耳、口蹄疫、伪狂犬链球菌、腹泻、圆环、猪丹毒、萎缩性鼻炎、传染性胸膜肺炎、乙脑、支原体等，近两年伪狂犬病性腹泻与圆环病毒性腹泻呈增加趋势。禽养殖场常见的疫病有：禽流感、新城疫、支气管炎、法氏囊、马立克、鸡痘、支原体等。

（三）养殖场主要的卫生与保健措施

养殖场主要的卫生保健制度有：动物免疫制度、用药制度、消毒制度、检疫申报制度等。

目前养猪场和养禽场最主要的动物卫生保健措施分别是：卫生消毒、疫苗免疫、药物治疗、添加保健药等。

（四）养殖场常用的化药产品及消毒剂

1. 养殖场常用的化药产品

生猪养殖场使用量在前五位的化药产品分别是阿莫西林、恩诺沙星、黄芪多糖、氟苯尼考、青霉素钠等。

2. 养殖场常用的消毒剂及分类

按有效成分分，养殖场常用的消毒剂有：酚、醛、醇、碱制剂，碘制剂，过氧化物，表面活性剂及强氧化剂等。

六、养殖场污染及防治

随着畜禽养殖业的迅猛发展，畜禽养殖产生的粪便由于未做有效利用和妥善处理，造成了污染，已成为阻碍畜禽养殖业持续稳定发展的重要因素，解决畜禽养殖业污染问题已显得非常突出和迫切。而要解决畜禽养殖业污染，必须根据我国国情及畜禽养殖业的实际，开发投资少、能耗低、操作简便的污染治理适用技术，才能推动畜禽养殖业污染治理的全面铺开。

（一）畜禽粪便对环境的影响

1. 污染土壤和地下水

在畜禽粪便堆放或流经的地点，有大量高浓度粪水渗入土壤，可造成植物一时疯长，或使植物根系受损伤乃至引起植物死亡。粪水渗入地下水，还会使地下水中硝态氮、硬度和细菌总数严重超标。

2. 污染地表水

破坏水生态系统甚至影响饮用水源危及人类健康。大量畜禽粪便直接或随雨水流入水体可使水体严重富营养化，引起水质腐败，水生生物死亡。据测定，当畜禽粪水流入池塘而使水中氨含量达到或超过 0.2 mg/L 时，就会对鱼产生毒性。此外，畜禽粪便中可能存在的肠道传染病菌和人畜共患的病原体，都会对环境和人体健康造成严重威胁。

3. 粪便恶臭的污染

刚排出的畜禽粪便含有 NH_3、H_2S 和胺等有害气体，在未能及时清除或清除后不能及时处理时臭味将成倍增加，产生甲基硫醇、二甲二硫醚、甲硫醚、二甲胺及低级脂肪酸等恶臭气体。恶臭气体会对现场及周围人们的健康产生不良影响，如引起精神不振、烦躁、记忆力下降和心理状况不良，也会使畜禽的抗病力和生产力降低。

（二）畜禽粪便处理适用技术的要求

1. 资源化，有效益

畜禽粪便自古以来都被作为优质有机肥而通过自然生态系统得到转化利用。如今，由于大规模、集约化养殖业产生的粪便量大，往往难以直接还田，必须借助设备，才能把畜禽粪便转化成可用的资源。例如，通过干湿分开、固液分离得到干粪，可应用高效菌种发酵转变成饲料（鸡粪）或肥料（猪粪）；高浓度粪水可采用厌氧处理技术产生沼气、回收利用能源。

2. 因地制宜

畜禽粪便的有机物浓度高、氨氮浓度高、恶臭严重，若要直接处理达标不仅投资大，而且运行成本相当高，实际上难以实施。因此，要结合当地地理环境情况对经处理不能达标的污水，可在后续处理中因地制宜配以氧化塘采用水生植物生态工程技术，以达到排放标准所要求的指标。

3. 以生物处理为核心

对于处理难度高的畜禽粪便治理，必须依据实际条件，合理选择多项生物技术，组合成一个有机的系统。如经固形物分离后的粪水，可应用厌氧发酵技术生产沼气，回收生物能，沼液、沼渣则可做肥料；也可通过多级反应槽进行兼氧处理（不加人工曝气），使粪污水中的各种污染物得以大幅度降解、转化、去除。

七、动物性食品安全与健康养殖

随着畜牧业高度集约化，大量使用抗菌药物防治疾病，造成动物性食品中抗菌药物的残留，给人民健康带来严重的威胁。如今，动物性食品质量安全日益受到社会的关注，人们对动物性食品的需求已由原来的数量型转变为质量型，无公害、绿色、有机食品越来越受到欢迎。

（一）动物性食品药物残留的成因

食品动物用药后，药物的原形或其代谢产物和有关杂质可能蓄积、残留在动物的组织、器官或食用产品中，这样便造成了兽药在动物性食品中的残留。动物在生长过程中，不正确地使用兽药和饲喂不安全的饲料，均能导致动物产品药物残留。一般由以下情况导致：

①不正确地应用药物。如用药剂量、给药途径、用药部位和用药动物的种类等不符合用药指示，这些因素有可能延长药物在体内残留的时间，从而增加休药的天数。②不遵守休药期限，在休药期结束前屠宰动物。③屠宰前用药物掩饰临床症状。一些养殖户对发病的动物针对临床症状给药，急于上市销售，以逃避宰前检查，减少经济损失。④使用未经批准的药物。如盐酸克伦特罗、苯并咪唑类等。⑤药物说明书上用法不当造成违章残留。

⑥饲料加工或运输过程中的污染。饲料粉碎设备受污染或将盛过抗菌药物的容器未冲洗干净用于贮藏饲料。⑦任意以抗生素药渣喂猪或其他食品动物等。滥用抗生素是出现抗生素残留的主要原因。如用土霉素渣、水飞蓟渣喂猪等。

（二）动物性食品药物残留的危害

动物性食品药物残留对人类健康的危害少数表现为急性中毒和引起变态反应，但多数表现为潜在的慢性过程，人体由于长期摄入低剂量的同样残留物并逐渐蓄积而导致各种器官发生病变，影响机体正常的生理活动和新陈代谢，导致疾病的发生，甚至死亡。

1.引起中毒

有些药理作用强、代谢周期长的药物，在畜禽产品中含量超标造成残留，将会引起食用者中毒。如人食用了含有盐酸克伦特罗超标的动物食品（特别是内脏），就会引起不良反应，出现肌肉震颤、心慌、头痛、恶心、呕吐等症状，严重的可以致人死亡。有关盐酸克伦特罗中毒事件在我国已发生多起我国早已明令禁止将盐酸克伦特罗用于猪促生长剂。动物食品因药物残留多发生慢性中毒现象屡见不鲜。

2.引起食用者"三致"（致癌、致畸、致突变）

如磺胺二甲嘧啶能诱发人的甲状腺癌、非甾体激素（如己烯雌酚）能引起女性早熟和男性的女性化以及子宫癌；氯霉素能引起人骨髓造血机能的损伤，引发人的再生障碍性贫血；苯并咪唑类药物能引起人体细胞染色体突变和致畸作用，引起生产痴呆儿、畸形儿；磺胺类药物能破坏人的造血系统（包括出现溶血性贫血、粒细胞缺乏症、血小板减少症等）。

3.引起变态反应

变态反应又称过敏反应，其本质是药物产生的病理性免疫反应。引起变态反应的残留药物有青霉素、四环素、磺胺类药和某些氨基糖苷类抗生素等。其中以青霉素、四环素类引起的变态反应最为常见。

4.引起激素样作用

具体激素样活性的化合物已作为同化激素用于畜牧业生产，以促进动物生长，提高饲料转化率。食用含激素的畜禽产品可干扰人体激素正常代谢，长期食用含有同化激素残留药物的动物食品会影响人体内的正常性激素功能。另外，外源性激素还有致癌作用。

5.产生耐药性

由于长期使用抗生素，使动物体内（尤其是动物肠道内）的细菌产生了耐药性，这样，使用的同种或同类抗生素产生了耐药性或交叉耐药性。生长期食用含有某种药物超标的肉食品，必然会使人体产生对此种药物的耐药性，影响正常人体对此种药物的反应。

6.破坏人类正常菌群平衡，使敏感菌受到抑制

某些条件性致病菌大量繁殖，既影响正常机体机能活动，还将引起多种疾病。

（三）控制动物性食品药物残留的对策

1. 加强宣传

充分运用新闻媒体等多种形式做好《中华人民共和国食品卫生法》及其他有关政策、法律、法规的宣传和药物残留对人体危害的宣传，增强群众的防患意识和监督意识，让生产厂（场）家知法守法，加强自律性。

2. 加强管理

特别是对兽药的使用应严格管理，严禁使用违禁兽药、废止兽药、假劣兽药、过期兽药；对兽药的使用过程严格监管，做好用药记录，并在畜禽出售时，向购买者提供完整准确的用药记录，严禁屠宰休药期内的畜禽，规范畜禽生产过程，严把兽药使用关。

3. 加强监督检查

对养殖场（户）定期和不定期地进行监督检查，检查其用药情况，检测动物体内药物残留。对畜禽屠宰厂屠宰的畜禽进行监控，屠宰前一定要检查用药记录，决不准许屠宰休药期内的动物。同时，对其屠宰后的畜禽产品进行药物残留的抽查检验，发现有药物残留超标的畜禽产品，按规定严肃处理。

4. 兽医和食品动物饲养场应该遵循畜禽用药的重要原则

兽药残留对人类的潜在危害正在被逐步认识，严格遵守休药期规定，将药残减到最低限度直至消除，以保证动物性食品的安全，是兽医和食品动物饲养场用药的重要原则。①制订合理的给药方案。给药方案包括给药剂量、途径、频率、疗程，还要根据动物的品种、年龄、用途，选择合适的药品。②做好使用兽药的登记工作。避免兽药残留必须从源头抓起，严格执行兽药使用登记制度，兽医及养殖人员必须对使用兽药的品种、剂型、剂量、给药途径、疗程、给药时间等登记，以备检查。③严格遵守休药期规定。严格执行休药期规定是减少兽药残留的关键措施，使用兽药必须遵守《兽药使用指南》的有关规定，严格执行休药期，以保证动物性产品没有兽药残留超标。④避免标签外用药。药物的标签外应用，是指标签说明以外的任何使用，任何标签外用药均可能改变药物在体内的动力学过程，使食品动物出现兽药残留。⑤严禁非法使用违禁药物。为了保证动物性产品的安全，近年来，我国兽药管理部门规定了禁用药品清单。兽医和食品动物饲养场均应严格执行这些规定。⑥人和动物不用同一类抗生素，动物应用动物专用抗生素（如杆菌肽锌、黄霉素、泰乐菌素等）。

5. 加强动物卫生监督部门建设

加强专业队伍建设，加强设备建设，加强培训，不断提高监测能力和水平，逐步建立一批畜禽产品安全标准化示范区，扩大有机绿色食品、无公害食品生产基地的规模。

6. 加大打击力度

对那些不符合食品安全要求的动物性产品销售商、加工厂和养殖场等进行严厉打击，一直追溯到源头，从严从重打击违法行为，净化市场，让群众吃得放心，吃得安心。

第三节　动物生长发育规律

一、动物生长发育规律概述

生长发育是遗传因素与环境共同作用的结果，研究生长发育，既涉及基因表达，又涉及保证基因表达的环境条件。各种家畜的生长发育都有其规律性，不同品种、不同性别和不同时期，都会表现出各自固有的特点。研究生长发育，对家畜选种非常重要。除了根据家畜不同年龄特点进行鉴定外，还可利用生长发育规律进行定向培育，至少可在当代获得所需要的理想类型。如果长期根据生长发育特点来选择与培育，可望获得新的家畜类型。另外，规模化饲养家畜时，根据所处的发育阶段，采用不同营养浓度的饲料配方，既能保证家畜正常发育，又能将饲料消耗掌握在适宜尺度，以获取最大的经济效益。

（一）生长发育的规律

任何一种家畜都有它自己的生命周期，即从受精卵开始，经历胚胎、幼年、青年、成年、老年各个时期，一直到衰老死亡。生命周期是在遗传物质与其所处环境条件的相互作用下实现的，也就是说家畜的任何性状都是在生命周期中逐渐形成与表现的。整个生命周期就是生长发育的过程，也是一个由量变逐渐到质变的过程。

1. 生长发育的概念

生长是机体通过同化作用进行物质积累，细胞数量增多和组织器官体积增大，从而使个体的体积、体重都增长的过程。即以细胞分化为基础的量变过程，其表现是个体由小到大，体尺体重逐渐增加。

发育是生长的发展与转化，当某一种细胞分裂到某个阶段或一定数量时，就分化产生出和原来细胞不相同的细胞，并在此基础上形成新的细胞与器官。以细胞分化为基础的质变过程，其表现是有机体形态和功能的本质变化。

例如牛，从受精卵开始经过许多阶段的变化分化出不同的组织器官，形成完整的胎儿，胎儿成长出生，从幼年直至成年，这就是发育现象；而另外一种现象，如牛的四肢及其他各器官不断增长，但头仍然是头，脚依旧为脚，并未发生本质转化，这就是生长现象。

综上所述，生长和发育是同一生命现象中既相互联系，又相互促进的复杂生理过程。生长通过各种物质积累为发育准备必要的条件，而发育通过细胞分化与各种组织器官的形成又促进了机体的生长。

2. 研究生长发育的方法

对家畜生长发育的研究要通过对多方面进行综合观察，采取多种方法。目前，主要采用定期称重和测量体尺的方法，并将取得的性能信息进行统计分析。随着现代科学技术的发展，对生长发育的研究手段逐渐提高，如利用各种先进仪器探测猪的背膘厚度和眼肌面积，分析研究家畜生理、生化、组织成分的年龄变化与生长发育阶段变化的规律，采用分子生物学技术探讨决定肉、蛋、奶、毛等功能基因组等，这些对家畜育种学来说是更高层次的科学研究方法。

（1）观察与度量

在长期的生产实践中观察，人们积累了很多观察家畜生长发育方面的经验。例如，根据牙齿的脱落和磨损的程度来鉴别马、牛、羊的年龄；根据牛角轮的数目和家禽羽毛的生长与脱换等，鉴定其年龄大小和发育阶段。但这些都是对质量性状的描述，没有用具体数字来表达，必须以称重和体尺测量的数据，来说明家畜的生长发育变化规律。称重和体尺测量的时间与次数，应根据家畜种类、用途及年龄不同而异。对育种群和幼龄家畜多称测几次，对其他类家畜则可减少测定次数。以科研为目的应更细致准确，可多测几次，而以生产为目的可少称测几次。一般情况下，猪、羊在初生、20天、断奶定时分别称测一次，断奶以后每个月测一次；马、牛在初生、断奶、配种前后各称测一次，至成年时每半年测一次；家禽则每周或每10天测一次。

一般称重和测量体尺应当同时进行，测得的数值一定要精确可靠，应全面认真考虑，如测具本身的精确性、家畜本身的生理状态，如是否妊娠、管理与饲养情况，如饲喂前后、放牧前后、排粪前后、测量时家畜站立姿势等。在畜羔较大时，可采用随机抽样的办法，测量部分个体，用其平均数来代表整个畜群生长发育的情况。

除活体称重外，还可以对各种器官和不同部位进行测定。如躯体的测量、胴体不同部位的称重。对体重和体尺的测定，是从不同角度研究分析家畜生长发育情况的。为真实地反映生长发育状况，必须保证饲养管理条件正常。在营养不良情况下幼畜的体重较轻，但体躯长度等方面仍有增长，这样就会造成体重和体尺发育的不协调。

（2）家畜体尺测量

家畜体形外貌评定主要通过肉眼观察和体尺测量进行。肉眼观察主要是对那些不能用工具测量的部位，通过肉眼观察，参照一定的标准加以评判。这要求鉴定人员有一定的经验，但难免受主观因素的影响。体尺测量是用测量工具对家畜各个部位进行测量。常用的测量工具有测杖、圆形测定器、测角计和卷尺。这些工具在使用前都要仔细检查，并调整到正确的度数。测量时要使被测个体站在平坦的地方，肢势保持端正。人一般站在被测个体左侧，测具应紧贴所测部位表面，防止悬空测量。

体形外貌评定家畜体尺与测量部位：①体高（鬐甲高）：鬐甲顶点至地面的垂直高度。②背高：背部最低处到地面的垂直高度。③荐高：荐骨最高点到地面的垂直高度。④臀端高：坐骨结节上缘至地面的垂直高度。⑤体长（体斜长）：从肩端到臀端的距离。猪的体长则是自两耳连线中点沿背线到尾根处的距离。⑥胸深：由鬐甲至胸骨下缘的直线距离（沿肩胛后角量取）。⑦胸宽：肩胛后角左右两垂直切线间的最大距离。⑧腰角宽（髋宽）：两侧腰角外缘间的距离。⑨臀端宽（坐骨结节宽）：两侧坐骨结节外缘间的直线距离。⑩臀长（尻长）：腰角前缘至臀端后缘的直线距离。⑪头长：牛自额顶至鼻镜上缘的直线距离；马自额顶至鼻端的直线距离；猪为两耳连线中点至吻突上缘的直线距离。⑫最大额宽：两侧眼眶外缘间的直线距离。⑬头深：两眼内角联线中点到下颌骨下缘的切线距离。⑭胸围：沿肩胛后角量取的胸部周径。⑮管围：在左前肢管部上三分之一最细处量取的水平周径。

体尺材料的整理：根据研究目的对体尺材料进行整理，得出相应的体尺指数，从而对家畜进行外貌评定。体尺指数即一种体尺与另一种体尺的比率，是用以反映家畜各部位发育的相互关系及体形结构特点的指标，常用的体尺指数有：

①体长指数（体形指数）：该指数可用以说明体长和体高的相对发育情况。此指数随年龄增长而增大，公式为：

$$\text{体长指数} = \text{体长} / \text{体高} \times 100\% \tag{1-1}$$

②胸围指数（体幅指数）：它表示体躯的相对发育程度。肉牛的胸围指数大于乳牛。在草食家畜中，此指数随年龄增长而增大，其公式为：

$$\text{胸围指数} = \text{胸围} / \text{体高} \times 100\% \tag{1-2}$$

③管围指数（骨量指数）：它可表示骨骼发育情况，此指数随年龄增长而增大，其公式为：

$$\text{管围指数} = \text{管围} / \text{体高} \times 100\% \tag{1-3}$$

④体躯指数：它可表示体量发育程度，此指数与年龄变化关系不大，其公式为：

$$\text{体躯指数} = \text{胸围} / \text{体长} \times 100\% \tag{1-4}$$

⑤肢长指数：它可表示四肢的相对发育情况。此指数乳用牛比肉用牛大。幼畜肢长指数大，若过小说明发育受阻。此指数随年龄增加而缩小，其公式为：

$$\text{肢长指数} = (\text{体高} - \text{胸深}) / \text{体高} \times 100\% \tag{1-5}$$

⑥胸髋指数：它可判断家畜胸部宽度的相对发育情况。肉用牛大于乳用牛。此指数随年龄增长而变小，其公式为：

$$\text{胸髋指数} = \text{胸宽} / \text{腰角宽} \times 100\% \tag{1-6}$$

⑦胸指数：它可说明胸部发育情况，但应与胸髋指数共同使用。此指数肉用牛比乳用牛大。此指数与年龄变化关系不大，其公式为：

$$\text{胸指数} = \text{胸宽} / \text{胸深} \times 100\% \tag{1-7}$$

⑧臀高指数：它可说明家畜幼龄时期的发育情况。此指数随年龄增长而减少，其公式为：

$$\text{臀高指数} = \text{荐高} / \text{体高} \times 100\% \tag{1-8}$$

⑨额宽指数：它可说明家畜头部宽度的相对大小。早熟肉用牛此指数比晚熟品种及乳用牛要大，公畜比母畜要大。此指数随年龄增长而变小，其公式为：

$$\text{额宽指数} = \text{最大额宽} / \text{头长} \times 100\% \tag{1-9}$$

⑩头长指数：此指数乳用牛比肉用牛大。该指数随年龄增长而增大，其公式为：

$$头长指数 = 头长 / 体高 \times 100\% \tag{1-10}$$

（3）计算与分析

对生长发育进行研究，其理论依据：一是从动态观点来研究家畜整体（或局部）体重体尺的增长；二是研究比较各种组织（器官）随着整体的增长而发生比例上的变化。通常采用的计算方法有以下几种：

①累积生长

任何一个时期所测得的体重或体尺，都代表该家畜被测定以前生长发育的累积结果。它是评定家畜在一定年龄时生长发育好坏的依据。若以图解方法表示，将年龄作为横坐标，体重或体尺为纵坐标，其曲线通常呈 S 形。但实际测定的生长曲线常因畜种、品种和饲养管理的不同而有所差异。

②绝对生长

在一定时间内体重或体尺的增长量，用以说明某个时期家畜生长发育的绝对速度。通常以下列公式表示：

$$G = \frac{W_1 - W_0}{t_1 - t_0} \tag{1-11}$$

式中：G 代表绝对生长；W_0 代表始重，即前一次测定的体重或体尺；W_1 代表末重，即后一次测定的体重或体尺；t_0 代表前一次测定时的月龄或日龄；t_1 代表后一次测定的月龄或日龄。例如：甲、乙两头牛的初生重同为 51 kg，一个月后，甲牛体重为 73kg，乙牛为 70 kg，在一个月内，甲牛增长了 22 kg，乙牛增长了 19 kg。

在生长发育的早期，由于家畜（禽）幼小，绝对生长不大，以后随年龄的增长逐渐增加，到达一定时间后又逐渐下降，在理论上呈抛物线形。绝对生长速度在生产上使用较普遍，是用来检查供给家畜的营养水平、评定其优劣和制定各项生产指标的依据，在肉用畜禽生产中，多用以评定肉用畜禽育肥性能的优劣。

③相对生长

家畜在一定时间内体重增长量占原来体重的比率，是反映生长强度的指标。绝对生长只反映生长速度，没有反映生长强度。例如，有两头牛，其中一头为 90 kg 的犊牛，日增重 1 kg，另一头为 250 kg 的育成牛，日增重也是 1 kg，从绝对生长速度来说两头相同，但用相对生长来比较，犊牛的生长强度较大。计算相对生长（用 R 代表）的公式为：

$$R = \frac{W_1 - W_0}{W_0} \times 100\% \qquad （1-12）$$

上面公式有一个缺点，因为它是以始重和末重为基础，没有考虑到新形成部分也参与机体的生长发育过程。因此，可改为用始重和末重的平均值相比，其公式如下：

$$R = \frac{W_1 - W_0}{\dfrac{W_1 + W_0}{2}} \times 100\% \qquad （1-13）$$

二、影响生长发育的主要因素

家畜生长发育受多种因素的影响，深入探讨这些因素与生长发育的关系将更有效地控制各类性状的改进和提高，其主要因素如下：

（一）遗传因素

家畜的生长发育与其遗传基础有着密切关系，不同家畜品种有其本身的发育规律。例如，初生重，荷兰牛比娟姗牛重 35%，也比其他牛初生重多 15%。家畜的性成熟和妊娠天数也受遗传因素的影响。如瘤牛的性成熟比欧洲牛晚 6 ~ 12 个月。海南岛的文昌猪，3 ~ 4 个月龄的小公猪已能配种，而巴克夏猪 6 ~ 7 月龄才具有这种能力。不同品种牛的妊娠期也不同，印度和巴基斯坦水牛的妊娠期为 308 天，埃及水牛为 317 天，欧洲水牛为 314 天。

对控制畜体各部位的遗传基础研究表明，有三类基因影响体形部位：①一般效应的基因，其影响全部体尺与体重；②影响一组性状的基因，如只影响骨骼的大小，不影响肌肉的生长；③影响某一特定性状基因，如只决定胸围、腹围的大小等。另外，影响骨骼生长的特定基因系统，只决定体高、体长、胸深和体重，但不影响腹围；影响肌肉发育的一些基因，对胸深、胸围、腹围也有影响。

进一步研究表明，同一组性状，如体长和体高间的遗传相关，随年龄的增长而提高；不同组的性状，如体高和腹围之间的相关，则随年龄的增长而降低；同一个体各性状间的表型相关，年龄小比年龄大相关高；不同组织的性状，如骨骼和肌肉的表型相关，随年龄的增长而大大降低。遗传相关和表型相关也随年龄的增长而变化，这表明对生长有一般效应的那些基因系统，在幼龄时期影响较强，而对特定的一组性状以及对特定的单一性状可能产生影响的基因系统，则随年龄的增长而变得更重要。

（二）母体大小

母畜个体的大小和胚胎的生长强度有密切关系，母体愈大，胎儿体重愈大，即"母大则子肥"。例如，马与驴杂交，母马所生的骡，就要比母驴所生的骡大得多。又如，母牛体重的大小，与其所生犊牛的初生重、断乳重和周岁重都有较强的正相关，凡初产时体重大的母牛，其后代的断乳和周岁体重也较大。所以，要使后代出生体重大，须选用体重较大的母畜。母体对胚胎大小也有影响，大家畜比小家畜更为明显，因为前者妊娠期长，胚胎在母体内生长发育时间长，影响也大。另外，母体对胚胎生长发育还有直接或间接两种影响。

1.胎盘大小

随着胚胎的生长发育，胎盘也快速增长。若由于某种生理原因限制了母体胎盘的生长，就会使胎儿生长受阻。这说明胎盘大小和初生体重之间有密切相关。当母猪过于肥胖时，胎盘增长受限，会导致仔猪发育受阻。

2.胚胎数量与密度

在多胎家畜中，每窝的胚胎数量过多，胎儿在子宫内相邻位置过近，同窝胎儿之间过度竞争养分，导致有的胚胎生长发育速度降低，甚至被吸收。

另外，猪和兔的初生重与产仔数呈负相关，产仔数愈多初生重愈小。单胎家畜中，双胎比单胎小，绵羊双羔体重约为单羔体重的83.3%，而三羔仅为单羔的75%。

（三）饲养因素

饲养是影响家畜生长发育的重要因素，其包括营养水平、饲料品质、日粮结构、饲喂时间与次数等。实验证明，合理和全价的营养水平能保证家畜生长发育正常，使经济性状的遗传潜能得以充分表现。采用不同的营养水平饲养家畜，可以调控各种组织和器官的生长发育。若在不同生长期改变营养水平，可控制家畜的体形和生产力。

在草原地区进行肉牛的育种，购入的种公牛应在饲料丰富条件下培育，才能使原代保持早熟性和优良肉质。因为在完全放牧条件下培育的公牛，无法表现其遗传早熟性，要从放牧牛群中进行选种，很难保证成功。

（四）性别因素

性别对体重和外形有两种影响，一是雄性和雌性间遗传上的差异；二是由于性激素的作用，雌雄两性的生长发育差别较大。

由于公母畜体躯各部位和组织的生长速度不同，故公母畜各发育阶段的体格大小也不一样。例如，牛、羊、猪的初生重，雄性比雌性重约5%。公畜一般生长发育较快，异化作用较强，生理上需要精料较多，在丰富饲养条件下比母畜体重大，在较差饲养条件下则发育不如母畜。提高产肉性能时，严格选择公畜比选择母畜更重要。

牛在幼年去势后，第二性征不再发育，骨骼长度增长，但厚度发育较差，头部不及未去势公畜宽广，颈及前躯不粗壮。猪和羊则表现胸部和腰部缩短，颈椎相对变长，骨盘变宽。两性的体形差异缩小，新陈代谢和神经敏感性减低，育肥性能提高。早期去势（牛和羊4月龄前，猪2月龄前）会引起骨骼生长滞缓、肌肉疏松、沉积脂肪能力增强。

（五）环境因素

在工厂化、集约化饲养家畜的情况下，诸多环境因素均会影响家畜生长发育。

光照：光线通过视觉器官和神经系统，作用于脑下垂体，影响脑下垂体的分泌，进而调节生殖腺与生殖机能。在养禽业中延长光照时间，可以提高产蛋率；猪的育肥，在黑暗条件下比在光线充足条件下脂肪沉积能力提高10%左右。

气温：在炎热干燥的地区，家畜的外形和组织器官均会受到影响，如皮毛色泽变深、体质变得致密坚实、汗腺发达、体表面积增大、体躯较小、育肥能力差；在寒冷潮湿地区，皮下结缔组织发达、毛密而长、角变短、育肥能力增加。

海拔：地势和海拔过高，气压的变化引起氧气不足，导致家畜的生长发育受阻，繁殖能力降低。而适应了高海拔环境的家畜，呼吸系统发达，胸部长而突出，骨骼变粗，血液浓度增加，血红素和铁质含量也相对增高。

上述各种因素，对家畜生长发育的影响途径是多方面的，引起的变化也是多种的，应将各种因素进行综合考虑，为优良品种的培育提供最适合的条件，有利于高产基因的充分发挥。同时，为规模化家畜饲养创造最佳环境，以便获取更大的经济效益。

三、影响生长发育的主要基因

（一）影响胚胎发育的主要基因

早期胚胎发育受许多基因影响，这些基因促进或抑制早期胚胎的生长分化。在着床前胚胎中，检测到很多基因参与胚胎生长发育，为信号传导所必需或编码生长因子或生长因子受体蛋白，或促使发育异常的胚胎发生凋亡，它们均对胚胎早期发育起着十分重要的作用。20世纪90年代以来，由于着床前胚胎作为细胞形态发生和分化模型，以及发育生物学技术的日新月异，受精至植入这一发育阶段（即着床前阶段）日益受到重视，研究早期胚胎基因表达及调控，具有重要的理论和实践意义。

1.原癌基因

癌基因分为病赤毒基因和细胞癌基因，又称原癌基因。在早期胚胎中检测到一些原癌基因的表达，它们对早期胚胎发育起到重要作用。

（1）c-myb基因

c-myb基因决定造血功能。一旦发生突变，可影响胎肝中永久造血干细胞的产生或增殖，从而使胚胎死于胎肝造血期。

（2）c-myc 基因

该基因定位于细胞核内，对早期卵裂过程具有十分重要的促进作用。已证实 c-myc 的表达与细胞增生率及促进有丝分裂信号转录密切相关，c-myc 在小鼠卵细胞及着床前胚胎 2 细胞、4 细胞、桑椹胚及囊胚中均有转录表达。采用反义 c-myc 寡核苷酸探针显微注射法打入原核期合子细胞中引起胚胎发育的显著抑制，呈浓度依赖性，最大抑制作用在第一次卵裂，即合子到 2 细胞期。研究证实，c-myc 基因在小鼠正常胚胎发生过程中起重要作用。

（3）ras 基因

该基因家族编码一个分子量为 21000 的蛋白质，称为 p21 Ras，体外培养的小鼠早期胚胎中，抗 ras 单克隆抗体能显著抑制桑椹胚至晚期囊胚的发育。用合成的 ras 肽免疫吸附完全阻断了这一抑制作用。c-ras 基因产物特异性在小鼠胚期表达，对小鼠着床前胚胎发育起重要作用。

（4）erbB1 基因

该基因在小鼠早期胚胎有表达，其单克隆抗体可显著抑制体外培养的桑椹胚至囊胚期的发育。

2. 性别决定基因

在哺乳类动物 Y 染色体上存在编码睾丸决定因子的基因，当没有这个因子时，性腺发育成卵巢。Y 基因编码一个含 79 个氨基酸的 HMG 框，这个框与 DNA 结合，是转录因子。在性腺分化前已有雌雄异形基因表达。着床前小鼠胚胎具有性别二态性基因表达。在人类，SRYmRNA 在 1 细胞至囊胚期有表达，精子中无表达，说明在人类胚胎发育过程中，性别特异性基因的从头转录比性腺分化还要早。

3. 生长发育、分化及凋亡调节基因

许多基因参与早期胚胎的发育分化。

（1）Pem 基因

该基因属于含同源框基因，又称同形异位基因，可调节鼠早期胚胎由未分化状态向分化状态过渡，该基因过量表达会使体内或体外发育的胚胎不能分化。

（2）Ped 基因

该基因是 20 世纪 90 年代在小鼠着床前胚胎中检测到的一种重要基因，它影响着床前胚胎卵裂速度及胚胎的生存。

（3）Oct-4 基因

在早期胚胎发育中起转录调节作用，可调节鼠胚植入前卵裂速度的快慢，以及胚胎生存发育的能力。

（4）Rex-1 基因

其编码锌指蛋白，参与滋养层发育以及精子发生，是研究内细胞团早期细胞命运的有用标志物，对于维持胚胎干细胞的未分化状态和全能性有重要作用，当其表达显著降低时，内细胞团将分化成胚层。

（5）Bcl-2蛋白其参与调节细胞凋亡的发生与发展，是重要的抑制细胞凋亡的物质，它可以防止着床前胚胎过早凋亡和胚胎细胞碎片形成，保持较高的胚胎质量。Bcl-2是通过抑制 cpp32（caspase3）的活化在 ICE 蛋白水解酶的上游发挥其抑制凋亡作用。

4. 生长因子

（1）表皮生长因子（EGF）

EGF 家族在哺乳动物早期胚胎发育中具有重要作用，该基因对小鼠着床前胚胎的作用依据不同发育时期而不同，4 细胞期前促进卵裂，桑椹胚期以后调节分化。在小鼠 4 细胞期，胚胎就开始有 EGF2R mRNA 的表达，以后从 8 细胞期胚胎、桑椹胚到囊胚均持续表达。BGF 可能通过胚胎自分泌和输卵管、子宫旁分泌形式作用于胚胎自身和母体，从而在以后的胚胎发育中起重要的调节作用。

（2）胰岛素样生长因子（IGF）

早期胚胎发育既受胚胎产生的 IGF-I，又受到母体来源的胰岛素和 IGF-I 的调节。在培养的小鼠胚胎中加入胰岛素、IGF-I、IGF-II，结果蛋白合成、细胞数目、发育至囊胚期的胚胎百分比均增加。运用 RT PCR 对附植前牛胚胎进行研究，结果表明，IGF-I、IGF-II 及其受体 IGF-I R、IGF-IR 均在早期胚胎中发生转录，并且其特异结合蛋白（IGF-BPs）在胚胎中的表达呈现时间上的特异性。在小鼠胚胎培养基中添加 IGF，有利于胚胎从透明带中孵出。另外 IGF-I 和 IGF-II 还可诱导内细胞团增殖。

（3）成纤维细胞生长因子（FCF）

FGF 家族是一类促进有丝分裂原和促进细胞生长的重要多肽因子，其成员之一 FGF8 还能增强 En 的表达。FGF8 是诱导干细胞向 DA 前体细胞转化的关键因子。FGF 家族还在中胚层细胞定向发育为成血管细胞的过程中也起重要作用，这对于基因治疗和造血干细胞工程等方面将具有重大作用。在早期胚胎发育中，FGF 还是担负上皮 - 间质相互作用的重要调控因子，离开该因子胚胎及其器官组织发育将不能形成。特别是 FGF10，无论在外胚层上皮还是在内皮层上皮都是重要的间质调控因子。

（4）Vax 基因

该基因家族是一类与视觉神经系统发育密切相关的同源异型盒基因，调控前脑、眼原基、视泡、视柄以及视网膜的发育，在视泡形成、视柄、视网膜分化以及视网膜背腹轴确立等方面具有多重作用。Vax-1 与 Vax-2 都在视泡区域表达并影响视杯的发育。其中，Vax 1 决定视柄和视杯外层形成，参与色素上皮和视柄的分化；Vax-2 则在视杯内层表达，在眼睛发育和形成过程中、视网膜及视神经背腹轴建立方面发挥极为重要的作用。

（5）白血病抑制因子（LIF）

为白介素 6（IL-6）家族中一员，在胚胎的生长发育和分化中扮演重要角色。用含 LIF 的培养液处理胚胎可促进胚胎发育，促进滋养层细胞的增殖和内细胞团生长，提高胚胎的存活率和质量。LIF 还能提高牛胚胎体外培养的存活率和绵羊的胚胎孵化率。小鼠的 LIF 基因缺失则胚泡不能着床，说明 LIF 对着床是必需的，但这种 LIF 缺陷的小鼠产生的胚泡比杂合鼠所产生的小，说明 LIF 可作为胚胎的营养因子促进胚胎发育。另外，LIF 还可抑制内细胞团分化。

综上所述，着床前胚胎的正常发育受到严密的基因调控，这些基因共同调节早期胚胎生长发育、促进发育异常的胚胎细胞发生凋亡，但其作用机理仍在进一步研究中。胚胎早期发育及调控是目前生命科学研究的前沿，研究动物早期胚胎的基因调控对于促进胚胎正常发育，提高胚胎生存质量有着重要意义。当代发育生物学的技术革命，及其研究的不断深入，将有助于揭示胚胎早期发育的精确机制，从而为实验室大量生产胚胎提供理论依据和应用技术。

（二）影响生长发育的某些基因

动物生长发育是一个极其复杂而精细的调控过程，其受神经、体液、遗传、营养及环境等多种因素的影响。其中，神经内分泌生长轴各因子（激素、受体、结合蛋白等）及其基因对动物的生长发育起着关键的作用。正常情况下，下丘脑释放生长激素（Gtowth Hormone Releasing Hormone，GHRH）和生长抑素（Somato Statin，SS），调节垂体生长激素（Growth Hormone，GH）的分泌，GH 通过与生长激素结合蛋白（Growth Hormone Binding Protein，GHBP）结合而运输，与靶器官上的生长激素受体（Growth Hormonc Rceptor，GHR）结合，促使类胰岛素生长因子（Insulin-like Growth Factors，IGFs）的产生并进入血液循环，IGFs 再通过其结合蛋白（Insulin-like Growth Factor Binding Protein，IGFBP）转运到全身组织细胞，促使组织细胞的生长与分化。其中，各因子的产生和分泌又受其相应的基因表达调控。整个调控过程复杂，存在着基因的转录、表达、产物的修饰以及各水平的反馈调节机制。另外，一种作用于中枢神经系统的脑肠肽（Ghrelin，生长素）与 GHRH 和 SS 一起调节 GH 的产生和释放。还有，由脂肪细胞分泌的瘦蛋白（Leptin）对机体的脂肪沉积、体重和能量代谢等也具有重要的调节作用，其可直接作用于下丘脑和垂体，对 GH 的分泌进行调节。

1.GHRH、GHRHR 及其基因

GHRH 及其基因：GHRH 是下丘脑合成和分泌的一种含 40 ~ 44 个氨基酸残基的单链多肽类激素，其主要功能是诱导并刺激垂体促进生长区的细胞合成和释放 GH，其作用机制主要与 CAMP 途径及胞内钙离子的变化有关。动物试验表明，给动物静脉注射适量的 GHRH 或其类似物，可以诱导动物 GH 分泌水平的提高。猪的 GHRH 基因定位第 17 号染色体上，其外显子 3 与人、鼠和牛的同源性分别为 96%、81% 和 87%，但其完整序列尚未见报道。人和奶牛的 GHRH 基因均由 5 个外显子和 4 个内含子组成。有人以 α - 肌动蛋白启动了构建的 GHRH 表达质粒，在动物体内表达 GHRH，2 周内刺激体内 GH 释放量增加 3 ~ 4 倍，生长速度也提高 10%。

GHRHR 及其基因：GHRH 的作用是通过与 GHRHR 结合而实现的。GHRHR 基因的变异可引起小鼠的矮小和人的遗传上的生长不足。在家畜中也已被作为控制生长和胴体性变化的一个候选基因。有人将猪的 GHRHR 基因定位于 18 号染色体上，其 mRNA 序列已有报道。

2.SS、SSR 及其基因

在生长轴中，SS 主要抑制脑垂体 GH 的释放，但不抑制 GH 的合成。SS 作用机制主要与细胞内 CΛMP、CGMP 的变化有关。循环系统中的 IGF-1 与 GH 可在下丘脑水平上促进 SS 的释放，从而导致 GH 和 IGF-1 的减少。用 SS 免疫中和技术和 SS 抑制剂——半胱胺能够阻断 SS 的作用，从而提高血液中 GH 水平，促进动物生长。

SS 的作用是通过与 SS 受体（SSR）结合而实现的。已发现的有 5 种 SSR 亚型（SSR1 ~ SSR5），各亚型在不同组织中存在差异，其中在脑、胃肠道、胰腺及垂体中表达量较高。猪的 SSR2 基因编码——一个 369 个氨基酸组成的蛋白，和人类的 SSR2 有 13 个氨基酸的区别，并且猪、人及鼠之间的 SSR2 间有高度的保守性。鼠的 5 个 SSR 亚型垂体在其他组织中均有表达，其等位基因的变化可影响生长速度和体形大小。

3.GH、GHR 和 GHBP 及其基因

GH 是神经内分泌生长轴中调控动物生长发育的核心。猪的 GH 是由 190 个氨基酸残基组成的单链多肽，与牛的氨基酸有 90% 的同源性，但两者与人的 GH 同源性只有 65%。在生理状态下，GH 释放呈脉冲式，具有昼夜节律。下丘脑 GHRH 与 SS 能调节 GH 的自发节律分泌。另外，GH 的分泌和释放也受到血液中 Leptin 水平的调节。

研究证明，注射外源 GH 能显著提高生长速度、瘦肉率和饲料报酬，产生较大的经济效益。但由于从天然垂体获得的量较少，现多采用重组猪生长激素（Pst），其结构与天然 GH 十分相似。实验结果表明，给猪连续注射（Pst），其采食量降低，增重提高，饲料报酬明显改善。

GHR、RHBP 及其基因：GHR 遍布全身各处，但以肝脏含量最高。人的 GHR 是由单一基因编码的 620 个氨基酸残基构成。猪和牛的 GHR 基因已被克隆，并且猪与人的 GHR CDNA 有 89% 的同源性。

血液中的 GH 主要与生长激素结合蛋白（GHBP）结合而运输。血液中存在一种可溶性的 GHBP，其氨基酸序列与 GHR 的胞外区一致。目前，已分离出小鼠和大鼠 GHBP 的 mRNA，属 GHR 基因转录的剪接产物，而人和兔的 GHBP 属 GHR 的蛋白裂解产物。一般情况下，GHBP 与循环 GH 的 40% ~ 50% 结合，调节 GH 在各全身组织的分布及促进生长作用。

4.IGFs 家族及其基因

IGFs 家族主要有三种受体 IGF-IR、IGF-IR 和 IR（胰岛素受体），三个配体 IGF-Ⅰ、IGF-Ⅱ和胰岛素，以及至少 6 个 IGF 结合蛋白（IGFBPs）。IGFs 与其他多功能生长因子一样，在胚胎、神经、骨骼肌的发育，细胞增殖与转化以及肿瘤的发生与发展中均具有重要的作用。

IGFs 及其基因：IGF-Ⅰ与 IGF-Ⅱ是与胰岛素原有高度同源性的单链多肽类生长因子，主要由肝脏合成。IGFs 不仅具有胰岛素样的生物学作用，更重要的是在调节生长发育和物质代谢方面有显著的作用。GH/IGF-Ⅰ轴主要调节动物出生后的生长，而 IGF-Ⅱ主要在胎期发挥重要作用。

5. 生长素（Ghrelin）及其受体和基因

生长素是作用于中枢神经系统的含有 28 个氨基酸残基的脑肠肽，其结构在不同种属动物中稍有不同，人和鼠的同源性为 89%。当生长素与位于下丘脑的受体结合后，产生一系列的生物学效应，其刺激垂体前叶释放 GH，调节机体生长发育；调节能量平衡、胃酸、胰腺分泌及免疫系统等。

6. Leptin、Leptin 受体（LEPR）及其基因

Lepin 是由脂肪和肝脏合成的一种多肽类激素，主要作用是调节脂肪的合成，减少采食量和增加能量消耗。研究证实，Leptin 除了作用于下丘脑，还在生殖、神经内分泌、免疫作用、凝血、肾脏功能以及血管生成等方面发挥调节作用。

第四节　动物育种及杂种的优势

一、动物育种的概念

利用现有畜禽资源，采用一切可能的手段，改进家畜的遗传素质，以期生产出符合市场需求的数量多、质量高的畜产品。通过对后备种畜的种用价值进行准确的遗传评估，寻找具有最佳种用性能的种畜。再结合适当的选配措施，人为控制种畜间配种过程，提高优良种畜的利用强度和范围，最终提高种畜品质，增加生产群体的良种数量，生产出符合市场需求的高质量畜产品。

（一）动物育种的定义

家畜育种是通过创造遗传变异和控制繁殖等手段来提高畜禽经济性能或观赏价值的科学技术。研究家畜育种理论和方法的学科称家畜育种学，是畜牧科学的重要分支。其内容主要包括引变、选种、近交（动物）、杂交以及品种（系）的培育、保存、利用和改良等。

（二）动物育种的内容

家畜育种开始于对野生动物的驯养和驯化。人们通过选择（动物）最适合自己需要的畜禽留作种用，逐步积累了选择育种的经验。最初是根据家畜的外貌选择。中国古代相传有伯乐相马、宁戚相牛，闻名一时。欧洲古代文献也有有关的记载。如公元前罗马人法罗就曾主张在对家畜系谱、外貌结构和后裔进行评价的基础上进行选择和育种。相传阿拉伯

人在千余年前也已能凭借对马的血统记忆进行配种,避免过度近交。18世纪时,英国的R.贝克韦尔不但根据体质外貌、生产性能、血统和后裔成绩进行选种,并结合采用近交方法培育了马、牛和绵羊良种,取得明显效果,被认为是近代家畜育种的创始人。他的一些技术和方法对后来的家畜育种工作具有深远影响。

1. 育种目标及经济评估

从人类的生产和生活的需要出发,对家养动物的选育有一定的目标,具体来说可分为肉用、乳用、蛋用、毛用、役用以及其他特种经济用途(如药用、观赏用、竞技用)等不同的目标。在确定育种目标后,还要分析达到这些目标应选择的性状,例如肉用家畜要选择生长速度、屠宰率、胴体品质、肉质与饲料转化效率等;乳用家畜要选择产乳量和乳的成分率以及有关的乳用特征;蛋用家禽要选择产蛋数、蛋重、料蛋比等;毛用家畜要选择毛的产量和质量;役用家畜要选择体格大小、耐力;竞技用家畜家禽则根据需要选择其格斗能力或速跑能力等。对所有的畜种来说,还要选择繁殖力和成活率。育种目标的经济评估,就是对要改进的性状做经济分析。经济价值大的性状在选种时要优先考虑,并在制定选择指数时给予较大的经济加权值。由于经济价值受市场价格波动和影响,所以育种目标的经济评估要经常调整。在对性状进行经济评估时,可以把性状分为基础性状和次级性状。基础性状是指那些可直接用经济价值来度量的性状;次级性状是指那些本身很难用经济价值表示,但它们通过对基础性状的影响产生间接经济效益。

2. 选种和选种方法

选种就是选择种畜种禽,是通过对具体性状的选择来实现的,选种的理论就是群体遗传学和数量遗传学中的选择理论。选种的方法很多,一般来说,对于质量性状,需要根据基因型而不仅是根据表型选种;对于数量性状,则要根据育种值而不仅是根据表型值选种。对阈性状可用独立淘汰法,对多个性状同时选则要用选择指数法。在家畜育种中还可以从不同的角度对选种的方法进行分类:

(1)外形选择与生产性能(成绩)选择

家畜的外部形态与内部生理机能之间存在一定的联系,外形在某种程度上可以反映家畜的健康状况和生产性能。同时,有些外形特征也是某些品种的标志。生产性能的记录就是成绩。有些性状要向上选择,即数值大的表示成绩好,如产奶量、产蛋数、瘦肉等;有的性状要向下选择,即数值小表示成绩好,如背膘厚度、单位产品的耗料等。

(2)表型值选择与育种值选择

在生产中,直接观察到的成绩都是表型值。根据育种需要,选出表型值高的个体留种,就是表型值选择。由于表型值可来源于个体本身或其亲属,所以又有个体测验、系谱测验、同胞测验、后裔测验之分。把表型值转化为育种值,排除了非遗传因素的影响,从而提高了选种的准确性。育种值可从本身或亲属单项资料进行估计,也可结合个体和亲属多项资料做复合育种值的估计。

（3）单个性状选择和多个性状选择

单个性状选择就是在某个时期内只重复选择某一性状，如专门为提高产奶量、产蛋量的选择。这对改进该性状来说是最快的，但与其有负遗传相关的一些性状会受到不同程度的影响而降低产量。在育种过程中，更多的情况是要同时改进几个性状，这就要做多个性状选择。如同时考虑外形等级与生产性能的综合评定法；对要选择的几个性状分别确定选择下限的独立淘汰法；根据性状的遗传力、遗传相关、经济重要性等参数制定出指数的选择指数法；等等。

（4）个体选择与家系选择

个体选择是根据个体的成绩进行选择，有时又叫作"大群选择"（Mass Selection），即从大群中选出高产的个体。家系选择是根据家系平均数的高低来决定留种与否。家系通常可分为全同胞家系、半同胞家系和混合家系。同胞测验与后裔测验也是家系选择的一种形式。

（5）直接选择与间接选择

直接选择，是选择直接作用于所期望改进的性状，前面所提到的选择方法都是直接选择。间接选择，是选择一个与期望改进的性状有相关的辅助性状，通过对这一辅助性状的选择以期达到改进主要性状的目的。一般情况下，当所选择的主要性状遗传力低、观察的周期长、直接选择的效果差时，可以考虑用间接选择。辅助性状一般是一个遗传力高、与主要性状的遗传相关高的性状，或是一个可以早期观察和容易度量的性状。

（三）动物育种的方法

1. 以提高遗传品质为目的

一般的方法是通过杂交造成基因新组合，或通过其他引变手段使群体中出现新的变异，从中选择具有理想质量性状和高水平数量性状的个体，增加其繁殖机会。待有了一定数量的优良公母畜后，再通过近交或同质选配来提高优异性状的基因纯合性，一方面使群体整齐划一，另一方面使其后代减少分离。优良小群体一经形成，就大量扩繁，以形成一个优良种群——品种或品系。在扩繁的同时，可进一步以此优良小群体为基础，经过杂交—选种—近交，以育成品质更高的新种群。如此反复进行，可使畜禽的遗传品质不断提高。

2. 以利用杂种优势为目的

一般的方法是选择优良的个体或家系组成基础群，通过小群闭锁繁育来优化和提纯亲本系，然后进行各系间的杂交试验以选择配合好的杂交组合。再扩繁配合力好的配套系，并由各繁殖场按照良好的组合进行杂交，大量生产商品畜禽。各亲本系也可杂交形成合成系，再参加配合力测定以组成更良好的杂交组合。通过不断育成新系，选择新的杂交组合，杂种优势利用的水平可不断提高。

二、杂交育种

杂交育种是将两个或多个品种的优良性状通过交配集中在一起,再经过选择和培育,获得新品种的方法。杂交可以使双亲的基因重新组合,形成各种不同的类型,为选择提供丰富的材料。

杂交育种可以将双亲控制不同性状的优良基因结合于一体,或将双亲中控制同一性状的不同微效基因积累起来,产生在各该性状上超过亲本的类型。正确选择亲本并予以合理组配是杂交育种成功的关键。

杂交育种是培育家畜新品种的主要途径。通过选用具有优良性状的品种、品系以及个体进行杂交,繁殖出符合育种要求的杂种群。在扩大杂种数量的同时要适当进行近交,加强选择,分化和培育出高产而遗传性稳定,并符合选育要求的各小群,综合为新品种。

良种繁育体系为了使种畜的优良特性尽快地反映到商品生产中去,就要建立一个合理的繁育体系。不同家畜繁育体系的形式是有区别的,但总的原则是相同的。一般来说,繁育体系像一个正放着的三角形,顶端部分表示育种场的核心群家畜,中间部分是繁殖场的繁殖群家畜,基层部分是生产场或专业户饲养的商品家畜。在育种场中,用现代育种技术对种畜不断进行选育提高,但由于种畜的数量少,不宜直接推广,除了作为育种场种畜的更新外,主要是进入繁殖场进行繁殖扩群,再由繁殖场提供种畜或配套的杂交组合给生产场生产商品家畜。

第二章　畜禽的选育与繁殖

第一节　畜禽的选育与利用

一、品种及其分类

（一）品种的概念和必备条件

1. 品种的概念

品种是指一个种内具有共同来源和特有一致性状的一群家养动物，是在一定的生态和经济条件下，经自然或人工选择形成的家养动物群体。

2. 品种应具备的条件

（1）遗传性稳定，种用价值高

品种必须具有稳定的遗传性，才能将其典型的特征遗传给后代，使得品种得以保持下去，这是纯种畜禽与杂种畜禽最根本的区别。所谓种用价值，就是优良性状的遗传性稳定，当进行纯种繁育时，能将其典型的优良性状稳定地遗传给后代，当它与其他品种杂交时，能表现出较高的杂种优势，并具有改造低产品种的能力。

（2）性状及适应性相似

作为同一个品种的畜禽，在体形结构、生理机能、重要经济性状、对自然环境条件的适应性等方面都很相似，它们构成了该品种的基本特征，据此很容易与其他品种相区别。没有这些共同特征也就谈不上是一个品种。

（3）来源相同

同一品种家畜，由于有共同的祖先，因此有着基本相同的血统来源，在生产性能、体形外貌、生理特性和对环境条件的适应性等方面，都具有良好一致性。

（4）一定的品种结构

所谓品种结构，就是指一个品种是由若干各具特点的类群构成的，即除具有该品种的共同特点外还各具特色，而不是由一些家畜简单汇集而成。品种内存在这些各具特点的类群，就是品种的异质性。正是由于这种异质性，才能使一个品种在纯种繁育时，还能继续发展、改进和提高。这种品种内差异存在的形式，就叫作品种结构。因此，在一个品种内创造和保持一些各具特点的类群，是完全必要的。

（5）足够的数量

数量是质量的保证。品种内的个体数量多，才能扩大分布地区，使品种具有较广泛的适应性；才能保持品种旺盛的生命力；才能进行合理的选配，而不致被迫近交，导致品种毁灭。

（6）被政府部门或者品种协会所承认

作为一个品种必须经过政府或者品种协会等权威机构审定，确定其是否满足以上条件，并予以命名，只有这样才能正式称为品种。

（二）品种的分类

在畜牧业上，家畜品种常按选育程度、体形与外貌特征和生产性能来分类。

1. 按选育程度分类

根据选育程度，可以把家畜的品种分为原始品种、培育品种和过渡品种。

（1）原始品种

它是在畜牧生产水平较低、饲养管理和繁育技术水平不高、自然选择作用仍较大的历史条件下所形成的品种。原始品种的主要特点是：体小晚熟；体质结实，体格协调匀称；各种性状稳定整齐，个体间差异小；生产力低，但全面；对当地的气候条件和饲草料条件等自然条件具有良好的抗逆性和适应性。原始品种是培育新品种的宝贵基因库，要有计划地加以保留，以保持生物的多样性。

（2）培育品种

它是人们在明确的目标下选择和培育出来的品种，生产性能和饲料报酬都较高，适应不同的生态环境，对畜牧业生产力的提高有重要作用。如荷斯坦奶牛、长白猪、澳大利亚美利奴羊、伊莎蛋鸡等都属于这类品种。

（3）过渡品种

有些品种既不够培育品种的水平，但又比原始的培育程度要高一些，人们就称这类品种为过渡品种。它是原始品种经过培育品种的改良或人工选育，但尚未达到完善的中间类型。

2. 按体形与外貌特征分类

按体形大小，可将家畜分为大型、中型和小型。

按角的有无，牛、羊根据角的有无可分为有角品种和无角品种。

按尾的大小和长短，绵羊可分为短瘦尾、长瘦尾、短脂尾、长脂尾和肥臀等。

按被毛或者羽毛的颜色，不同家畜品种的被毛颜色千差万别，不同家禽品种的羽毛颜色差异也很大。

3. 按生产性能分类

按畜禽的生产力类型，可将品种分为专用品种和兼用品种两大类。

（1）专用品种

又称专门化品种，这类品种具有一种主要生产用途。它是由于人类的长期选择与培育，使品种的某些特征、特性获得了显著发展，或某些器官产生了突出的变化，从而出现了专门的生产力。如牛可分为乳用品种（黑白花牛）和肉用品种（海福特牛）。

（2）兼用品种

又称综合品种，它具有两种或两种以上生产用途。属于这些品种有两种情况，一种是在农业生产水平较低的情况下所形成的原始品种，它们的生产力虽然全面但较低；一种是专门培育的兼用品种，如毛肉兼用的新疆细毛羊、肉乳兼用的西门塔尔牛、蛋肉兼用的洛岛红鸡。

二、性能测定

（一）外形的鉴别和评定

1. 外形的一般要求

外形就是家畜的外部形态，在一定程度上反映内部机能、生产性能和健康状况。外形部位的一般要求如下。

（1）头部

以头骨为基础。从头的形态结构可判断家畜的经济类型、品种特征、改良程度、性别和健康状况。头的宽窄与体躯宽窄有正的相关。一般乳牛和乘马的头形多狭长而清秀；肉畜的头形短宽而多肉。头过窄过小，则表示发育不良。

（2）颈部

以颈椎为基础，也能反映经济类型、性别与发育程度。一般要求颈部的长短与厚薄要发育适度。乳牛和乘马的颈多较长而薄，肉牛与挽马则较短而厚。颈部过长过薄，则表示过度发育，大头小颈更是严重的"失格"。

（3）鬐甲部

鬐甲有高低、长短、宽窄之分，要求高、长适度，厚而紧实，并和肩部紧密相接。一般乳牛和乘马的鬐甲高而长，肉牛、挽马和猪则相反。

（4）背部

背部要求平直、结实、长短适度。一般乳牛、挽马和役牛为长背，乘马则较短，肉畜则背部相对较宽。

（5）胸部

胸腔以胸椎、肋骨和胸骨构成，要求长、宽、深。乳牛和乘马的胸较窄，但较长和深；肉牛与挽马的胸较短，但较宽和深。狭胸平肋或胸短而浅，对任何用途家畜都属严重缺点。

（6）腰部

腰部要求宽广平直，肌肉发达，特别是役畜更为重要。一般肉畜的腰部短宽，乳畜则较狭长，乘马较短，挽马较长。过窄和凸凹都是体质纤弱的表征。

（7）尻部

尻部均要求长、宽、平直，特别是肉用和奶用家畜，役畜则以适当的长度和倾斜度为好，尖尻、屋脊状尻和过斜的尻都是不良性状。

（8）腹部

腹部应大而圆，腹线与背线平行。"垂腹""卷腹"和"草腹"都属不良性状。

（9）乳房

乳牛的乳房形状应方正饱满，四室均称，附着良好，不下垂；乳头粗大垂直呈圆柱状，长短合宜，距离适中。

（10）生殖器官

公畜要求有成对的发育良好的睾丸，阴囊紧缩不松弛，包皮干燥不肥厚，单睾和隐睾者不能作为种用。对母畜要求阴唇发育良好，外形正常。

（11）四肢

总的要求是肢势端正，结实有力，关节明显，蹄质致密，管部干燥，筋腱明显。切忌"X"形和"O"形肢势等。

2. 不同用途家畜的外形特点

不同生产用途、不同性别的家畜，其外形区别很大，掌握它们各自的特点，有利于通过外形鉴定优良个体。

（1）肉用家畜

体躯宽广，身体呈圆筒形。头短宽，颈粗厚，背腰宽平，后躯丰满，四肢短，肢间距离宽。

（2）乳用家畜

前小后大（头、颈和前躯较小，后躯发达），体形呈三角形。头清秀而长，颈长而薄，胸窄长而深，中躯和后躯发达，乳房大而呈四方形，乳静脉粗而弯曲，四肢长且肢间距离较窄，全身清瘦，棱角突出，皮薄毛细，眼睛明亮且活泼有神。

（3）毛用家畜

体形较窄，四肢较长，皮肤发达，全身被毛长而密，头部毛着生至两眼连线、前肢毛着生至腕关节、后肢毛着生至飞节，颈部有 1 ~ 3 个完全或不完全的横皱褶。

（4）役用家畜

以马为例，可分为乘用型和挽用型两种。乘马体高与体长接近相等，多呈正方形；头清秀，颈细长，躯干较短，四肢修长，肌肉结实有力。挽用马体长大于体高，多呈长方形；头粗重，颈短壮，低身广躯，肌肉发达，结实有力。

（二）生长发育的测定

1. 生长发育的概念与测定

生长和发育是两个不同的概念。生长是畜禽达到体成熟前体重的增加，即细胞数目的增加和组织器官体积的增大，它是以细胞分裂增殖为基础的量变过程。而发育则是家畜达到体成熟前体态结构的发育和各种机能的完善，即各组织器官的分化和形成，它是以细胞分化为基础的质变过程。

生长发育测定的方法是定期称量体重和测量体尺，一般分初生、断乳、初配、成年几个时期进行测定，主要测量体高、体长、胸围和管围等体尺。

体高：由鬐甲最高点至地面的垂直距离。

体长：即体斜长，由肩端前缘至臀端后缘的距离，可以用卷尺或测杖量取。

胸围：肩胛后缘处量取的胸部周径。

管围：左前肢管部上 1/3 最细处量取的水平周径。

2. 生长发育的计算与分析

所测体重和体尺的原始数据，除统计出平均数、标准差和变异系数外，还可以进行生长发育的计算和分析，以了解生长的速度和生长强度；也可以计算体尺指数，以了解各部位的相对发育和相互关系等。

（1）生长发育的计算

①累积生长。任何一次所测的体重和体尺，都是代表该家畜在测定以前生长发育的累积结果，称为累积生长。

②绝对生长。一定时间内的增长量称为绝对生长，代表家畜的生长速度。例如，1个月内的平均日增重。

③相对生长。增长量与原来体重的比率称为相对生长，代表家畜在一定时间内的生长强度。不同年龄的家畜在同一时间内很可能生长速度相同，但生长强度并不完全一致，原来年龄小、体重轻的个体，其生长强度较大。生长强度以幼年家畜为最高，随年龄增长而迅速下降。

④生长系数。末重占始重的比率，是说明家畜生长强度的一种指标。

（2）体尺指数

体尺测量所得的数值只能说明一个部位的生长发育情况，而不能说明家畜的体态结构。为此，有必要计算体尺指数，用以说明家畜各部位发育的相互关系和比例。

①体长指数。体长占体高的比率。如果胚胎期发育受阻，则体高生长较小，因而使体长指数加大；如生后发育受阻，则体长指数减小。在正常情况下，由于生后体长比体高增长大，故指数随年龄而增大。

②胸围指数。胸围占体高的比率，表示体躯的相对发育程度。由于家畜在生后胸围的增长远比体高大，故该指数随年龄而增大。

③管围指数。管围占体高的比率，表示骨骼的相对发育程度。由于家畜在生后管围的增长比体高大，故该指数随年龄增长而增大。

④体躯指数。胸围占体长的比率，表示体躯的相对发育程度。由于胸围和体长在生后的生长均较快，故该指数随年龄增长变化不显著。

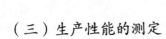

（三）生产性能的测定

生产性能测定是个体鉴定的一个重要组成部分，根据畜禽用途的不同，其生产性能可分为肉用性能、乳用性能、毛用性能、蛋用性能，各种用途畜禽都必须测定繁殖性能。

1. 产肉性能

（1）活重

活重指家畜的活体重量。一般来说，活重愈大，产肉愈多，但由于畜种、品种、年龄和营养状况不同，相同活重的个体产肉量有时相差很大。因此，常根据某种家畜一定年龄时的体重大小作为评定的指标。

（2）增重

家畜在某一年龄阶段内体重的增量为增重，每天增加的体重则为日增重。

（3）料重比

家畜在某一年龄阶段内饲料消耗量与总增重之比。

（4）屠宰率

家畜屠宰后，除去头、蹄、内脏（保留板油和肾）、皮（猪去毛不去皮）后得到的胴体重量占活重的比率。

（5）净肉率

净肉重（胴体去骨后重量）占活重的比率。这一指标多用于牛、羊。

（6）膘厚

猪的专用指标。指第 6 ~ 7 胸椎连接处背膘的厚度。膘愈薄，说明瘦肉率愈高。

（7）眼肌面积

最后一对腰椎间背最长肌的横断面积。眼肌面积愈大，其瘦肉率愈高。

（8）肉的品质

主要根据肉色、肉味、嫩度、吸水力、滴水损失、大理石状等指标来评定。

2. 产奶性能

（1）产奶量

305 d 产奶量：产犊到第 305 个泌乳日的总产奶量。可以每日测定并记录，也可每月测定 1 d（每次间隔时间均等），然后将 10 次测定总和乘以 30.5，作为 305 d 产奶量的记录。

年产奶量：在一个自然年度中的总产奶量。

泌乳期产奶量：从产犊到干乳期间的总产奶量。

（2）乳脂率

乳中所含脂肪的百分率。

（3）4% 标准乳量

为了比较个体之间的产奶量，以 4% 乳脂率的牛奶作为标准乳。乳脂率超过或不足 4% 可按公式折算成 4% 标准乳。

（4）成年当量

奶牛的泌乳期产奶量与产犊年龄有很大的关系，在不同的胎次产奶量相差较大，在成年时（一般第 4 ~ 6 胎）产奶量最高。为了使不同产犊年龄的泌乳期产奶量具有可比性，需要将产犊年龄进行标准化，通常将各个产犊年龄的泌乳期产奶量校正到成年时的产奶量，称为成年当量。

3. 产毛性能

（1）剪毛量

剪毛量是指从一只羊身上剪下的全部羊毛（污毛）的重量。

（2）净毛率

从羊体剪下的羊毛除去油汗、尘土、粪渣、草料碎屑等杂质后所得的净毛重量与污毛重（剪毛量）的比率。

（3）毛品质

评定毛品质的主要指标有长度、细度、密度、匀度、油汗和弯曲度等。

长度：一年内羊毛生长的长度，指毛丛的自然长度。

细度：羊毛细度是指羊毛纤维的粗细，指的是毛纤维横断面直径的大小，用平均直径和品质指数表示。

密度：单位皮肤面积上羊毛的根数。

匀度：羊毛纤维的均匀程度，包括部位的匀度和毛丛匀度。

4. 产蛋性能

（1）产蛋数

指从开产至特定周龄的累积产蛋数，常用的时间范围有 40 周龄、55 周龄、72 周龄等。

（2）蛋重

单个新鲜蛋（24 h 内）的重量。如要计算某个品种群体的平均蛋重，可以每月间隔或连续称重 3 次，求其平均值。

（3）料蛋比

产蛋鸡在某一年龄阶段内饲料消耗量与产蛋总重量之比。

（4）蛋的品质

可根据蛋形、蛋壳色泽、蛋壳厚度、蛋壳强度、蛋白品质等方面来评定。

5. 繁殖性能

（1）受胎率

受胎母畜数占参加配种母畜数的比率。反映配种效果。

（2）繁殖率

本年度内出生仔畜数占上年度终成年母畜数的比率。反映成年母畜产仔情况。

（3）成活率

本年度终成活仔畜数占本年度内出生仔畜数的比率。反映幼畜的育成效果。

（4）繁殖成活率

本年度终成活仔畜数占上年度终成年母畜数的比率。反映本年度总的繁殖情况。

（5）产仔数

每一窝产的仔畜数（包括死胎在内），每一窝产的活仔畜数则称为活仔畜数。

（6）初生重

仔畜初生时的个体重量。

（7）初生窝重

仔畜初生时全窝的总重量。

（8）断奶窝重

仔畜断奶时全窝的总重量。

（9）受精率

受精蛋数占入孵蛋数的比率。

（10）孵化率

受精蛋的孵化比率。

三、选种与选配

（一）家畜的选种

1. 选种的意义

家畜的选种，就是按照既定的目标，通过一系列的方法，从畜群中选择出优良个体作为种用。其实质就是限制和禁止品质较差的个体繁衍后代，使优秀个体得到更多繁殖机会，扩大优良基因在群体中的比率。若不加选择或选择不当，畜群品质退化将会很快。

2. 选种的方法

作为一头种畜，首先，要求它自身的生产性能高，体质外形好，发育正常；其次，还要求它繁殖性能好，合乎品种标准，种用价值高。这两个方面缺一不可，但最重要的还是在于其实际种用价值。因为种畜的主要作用不在于能生产多少畜产品，而在于能否生产出品质优良的后代。

（1）个体选择

个体选择就是以家畜个体性状表型值大小为基础的选择，即根据该个体的生长发育、体质外形和生产力这几方面的实际表现来推断其遗传型优劣。个体选择是其他各种选择的基础，因为祖先和后代的品质也都是个体品质。

个体选择的具体方法是：在环境相似并有准确记录的条件下，将畜群中的各个个体进行相互比较，或者各个个体与鉴定标准比较选出优秀个体。

个体选择能否使后代得到遗传改进，取决于所选个体表现型与基因型的相关程度、所选性状类型、选择强度大小、同时选择性状的多少，以及选择方法等。

（2）系谱选择

①系谱及其种类

系谱是系统记载畜禽亲本及相关亲属生产性能和等级的记录资料，它是了解个体遗传信息的重要来源。一个完整的系谱一般包括 3～5 代，并详细登记每一祖先的畜号、出生年月、体重、生产成绩、外形评分和个体等级等内容。系谱格式因目的和要求而不同，常用的有以下两种：

竖式系谱是按"子代在上，亲代在下，母系在左，父系在右"的格式安排的系谱。第一行是亲代，第二行是祖代，第三行是曾祖代。

横式系谱是按"子代在左，亲代在右，父系在上，母系在下"来安排的系谱，越向右祖先辈分越高。

②系谱选择

所谓系谱选择，就是根据系谱中记载的祖先资料，如生产性能、生长发育以及其他有关资料进行分析评定的一种选择方法。后代的品质很大程度上是取决于祖先们的品质及其遗传稳定性，如果祖先好而又遗传性稳定，则所生后代优良。

系谱选择多用于对幼畜的选择。因为幼龄畜禽正处于生长发育时期，外形没有固定，也没有生产成绩可供参考，此时只有利用其祖先有关记录来进行选择。

系谱选择常用对比的方法，即利用两个或多个系谱资料进行相同项目的对比，以确定被选择个体的优劣。当两头种畜的特性近似，而一个祖先较另一个祖先更合乎育种要求时，则可选择祖先较好的个体。

③系谱选择的注意事项

选择重点应放在亲代的比较上，祖代以上的遗传影响逐渐减小。凡母亲的生产力大大超过全群的平均数，父亲经后裔测定证明也是优秀的，这样的亲代应给予较高的评价。注意祖先性状的遗传稳定程度，如果各代祖先的性能都较整齐并呈上升趋势，无疑这样的系谱较好；相反，性状变异范围很大且呈下降趋势，这样即使个别祖先的生产力较高也不能算是好系谱。

（3）后裔测验

后裔测验是在比较一致的条件下对几个亲本的后裔进行比较测验，然后按各自后裔的平均成绩确定对亲本的选留与淘汰。

一头种畜经系谱和个体选择之后认为优良并开始配种，但它能不能将自己的优良性状可靠地遗传下去，只有通过后裔品质的鉴定才可得到最后证实。后裔品质是确定种畜种用价值、评定基因型好坏的最好方法，通过它可分辨出各亲本在遗传品质上的细微特点。另外，难以在活体上观测的胴体性状和不能在公畜身上表现的限性性状，都需要通过后裔测验才可判断。

后裔测验的缺点是需时较长，相应延长了世代间隔，且经济耗费也较大。所以，这种选择方法一般多限于对畜群影响较大的公畜中使用，如乳用公牛和蛋用公鸡，而且经系谱和个体选择合格之后确认为有种用前途者，才可允许参加后裔测验。

（4）同胞选择

同胞分全同胞和半同胞，同父同母的子女之间为全同胞，同父异母或同母异父的子女之间为半同胞。同胞测定就是根据其同胞成绩对选择个体的种用价值进行评定。

同胞选择的优点是，同胞资料可较早获得，同时对公畜本身不表现的性状（如繁殖力、泌乳力）、不能活体度量的性状（如屠宰率、屠体品质）以及低遗传力的性状，都具有很重要的意义。

上述几种选种方法都比较简单易行，在实际工作中已被广泛采用。但是，如果需要用一个精确的数字来表示种畜的种用价值，应充分利用来自各方面的遗传信息，考虑采用比较复杂的"估计个体育种值"的方法来评定种畜的种用价值。

（二）家畜的选配

选配即有意识、有计划、有目的地决定公母畜的配对，根据人为意愿组合后代的遗传基础，以达到培育或利用优秀种畜的目的。

通过选种选出的优秀种畜交配后所生的后代仍然会有很大的品质差异，分析其原因，不是种畜本身的遗传性不够稳定，就是部分后代没有得到相应的生长发育条件，还可能就是公母双方的精、卵细胞在受精结合中或在基因组合上缺乏亲和力，通过选配可以达到实现最佳组合的目的。

选配的主要作用有两点：①创造必要的变异。由于交配双方的遗传基础很少完全相同，有时甚至差异很大，其所生的后代将会发生变异。因此，为了达到某种育种目的，利用基因有一定差异的公母畜交配，其后代必然会产生新的变异，从而为培育新的理想型创造条件。②促进基因的纯合。如果交配双方彼此遗传基础很相似，所生后代的遗传基础就会与其父母相近，如此经若干代选择性状相近的公母畜相配，基因型逐渐趋于纯合，性状也就相应被固定下来。

选配按其对象不同，可分为个体选配与种群选配两类。在个体选配中，按交配双方品质的差异，可分为同质选配与异质选配；按交配双方亲缘关系远近，可分为近交与远交。在种群选配中，按交配双方所属种群特性不同，可分为纯种繁育与杂交繁育。

1.品质选配

品质选配就是考虑交配双方品质对比情况的一种选配。所谓品质，既可以指一般品质如体质外形、生产性能和产品质量等，也可以指遗传品质，如育种值的高低。根据交配双方品质差异的情况，又可分为同质选配与异质选配两种。

（1）同质选配

同质选配是一种以表型相似为基础的选配，就是选用性状相同、性能表现一致，或育种值相似的优秀公母畜来配种，以期获得与亲代品质相似的优秀后代。

为提高同质选配的效果，选配中应以一个性状为主；对于遗传力高的性状，选配效果一般较好；对于遗传力中等的性状，短期内效果表现不明显，可连续继代选育。

同质选配只能用于品质优秀的种畜，而不能用于一般品质的家畜；对于一般品质的家畜，公畜的等级应该高于母畜。

（2）异质选配

异质选配是一种以表型不同为基础的选配，具体可分两种情况。

一种是选择具有不同优异性状的公母畜相配，以期将两个优良性状结合在一起，从而获得兼有双亲不同优点的后代。例如，选毛长的羊与毛密的羊相配，选乳脂率高的牛与产奶量多的牛相配，就是从这样一个目的出发的。

另一种是选择同一性状，但优劣程度不同的公母畜相配，即所谓以优改劣，以期后代能取得较大的改进和提高。

异质选配的效果一般多属中间型遗传，其后代的表型值接近其亲本的平均值，并且把有关的极端性状回归至平均水平。但对于综合优良性状来说，有时由于基因的连锁和性状间的负相关等原因，不一定都能很好地结合在一起。

异质选配的主要作用在于能综合双亲的优良性状，丰富后代的遗传基础，创造新的类型，并提高后代的生活力。因此，当畜群选育处于停滞状态，或在品种培育的初期，需要应用异质选配。

2. 亲缘选配

亲缘选配，就是考虑交配双方亲缘关系远近的一种选配，如果交配双方有较近的亲缘关系，即①系谱中，双方到共同祖先的总代数不超过6代；②双方间的亲缘系数不小于6.25%；③交配后代的近交系数不小于0.78%者，叫作近亲交配，又称近交；反之，则叫远亲交配，简称远交。近交可以促进基因纯合，远交可以提高群体的杂合性，增加群体的变异程度，进而提高家畜的适应性和生活力。

（1）近交的用途

①固定优良性状

近交的基本效应是使基因纯合，因此可以利用近交的方法来固定优良性状。

②暴露有害基因

有害性状大多数是由隐性有害基因控制的，在远交情况下较少出现，而近交基因型趋于纯合，隐性有害基因暴露的机会增多。因而，通过近交可及早发现并淘汰带有有害基因的个体，使有害基因在群体中的频率大大降低。

③保持优良个体的血统

非近交时，任何一个祖先的血统，都有可能因世代的演化作用而逐渐冲淡，甚至消失。当畜群中出现了个别优秀的个体时，只有借助近交，才可能使优良祖先的血统长期保持较高水平，并扩大它的影响。

④提高畜群的同质性

近交使基因纯合的另一结果是造成畜群分化，但是经过选择，可以得到比较同质的畜群，达到提纯畜群的目的。

⑤建立近交系

尽管近交系的建立需要付出较大的代价，但因近交系基因纯合度高，它较非近交系杂交时可能有更高的杂种优势。

（2）近交衰退及其防止措施

所谓近交衰退是指由于近交家畜的繁殖性能、生理活动以及与适应性有关的各性状都较近交前有所削弱。具体表现是：繁殖力减退，死胎和畸形增多，生活力下降，适应性变差，体质变弱，生长较慢，生产力降低。近交常会引起近交衰退，因此在应用近交时要采用一定的措施，防止近交衰退。

①控制近交的时间与速度

为防止近交衰退，通常采用先慢后快的方法，特别是在建立近交系时，先用半同胞兄妹交配，视其效果控制近交速度。近交时间的长短，取决于是否达到育种目的，一旦目的实现，及时转为远交。另外，近交一般只限于育种中使用，商品场和繁殖场应尽量避免。

②严格淘汰

应用近交时，如出现近交衰退个体，应坚决淘汰。

③加强管理

近交后代生活力差，要求生活条件高，加强饲养管理可以在一定程度上缓解衰退现象的表现。

④血缘更新

当近交程度上升到一定水平时，为防止不良效应过多积累，可考虑引进一些群外的同品种同类型但无亲缘关系的种公畜或精液，进行血缘更新。

⑤做好选配工作

多留公畜并细致做好选配工作，就不再被迫进行近交或将近交系数的增量控制在较低水平。

3.种群选配

种群是种用群体的简称，可以指一个畜群或品系，也可以指一个品种或种属。在家畜育种中多指品种。种群选配可分为同种群选配和异种群选配两种，前者通常是指纯种繁育，而后者多指杂交繁育。

（1）纯种繁育

纯种繁育简称纯繁，是指在本种群范围内，通过选种、选配、品系繁育、改善培育条件等措施，以提高种群性能的一种方法。纯种繁育作为一种育种手段和选配方式，其主要作用是巩固遗传性和提高现有品质。

纯种繁育和本品种选育是两个既相似又不同的概念。相似之处是二者的育种手段基本相同，均需采用选种选配、品系繁育、改善培育条件等措施。但纯种繁育一般是针对培育程度高的优良种群或新品种（系）而言，其目的是获得纯种；而本品种选育的含义更广，不仅包括育成品种的纯繁，而且包括某些地方品种的改进和提高，它并不强调保纯。因此，本品种选育有时并不排除某种程度的小规模杂交。

（2）杂交繁育

杂交繁育简称杂交，是指遗传类型不同的种群个体互相交配或结合而产生杂种的过程。在育种上，根据不同的分类标准杂交可分为以下几类：根据亲本亲缘程度分为品系间杂交、品种间杂交、种间杂交和属间杂交等；根据杂交形式分为简单杂交、复杂杂交、引入杂交、级进杂交等；根据杂交目的分为以育成新品种或新品系为目的的育成杂交，以利用外来品种优良性状改良本地品种且保留本地品种适应性为目的的改良杂交，以保持地方品种的性能特点为主吸收外来品种某些优点的引入杂交，以利用杂种优势、提高畜禽的经济利用价值为目的的经济杂交。

四、品种资源的保护与利用

一个品种就是一个特殊的基因库，并在一定的环境中发挥作用，表现出对外界环境的不同的适应性和各种生产性能。不同的品种拥有独特的基因，是培育新品种和杂交利用的良好素材，保存和合理利用品种资源，是关系到畜牧业可持续发展的战略任务。

（一）品种资源的保护

1. 重视我国丰富的畜禽品种资源

我国畜禽品种资源大体由三部分组成：一是地方良种；二是新中国成立以后培育的新品种；三是从国外引进的品种。其中，地方品种和新培育的品种不仅数量多，而且不少在质量上还有独特之处。

以猪而言，有产仔能力高的太湖猪、耐寒体大的东北民猪、瘦肉率较高的荣昌猪、适于腌制火腿的金华猪、体小肉味鲜美的香猪等。在牛方面，不仅分布有牦牛、黄牛、水牛等不同种和属，而且还形成许多著名的地方良种或类型，如产于呼伦贝尔盟的以乳肉兼用著称的三河牛，体高、力大、步伐轻快、性情温顺的南阳牛，行动迅速、水旱两用的延边牛，以及产于湖南、江苏、四川等地的大型役用水牛。以羊而言，有适应当地生态条件和放牧性能良好的蒙古羊、哈萨克羊和藏羊，繁殖力极高的小尾寒羊，适于舍饲、羔皮品质优良的湖羊等。禽类方面，有生长快、产蛋多的北京鸭，体形特大的狮头鹅等世界闻名的品种。此外，在马、驴、山羊、骆驼等家畜中也不乏良种。

中国丰富的畜禽品种资源，无疑将为今后育种提供宝贵的素材，不仅在我国能发挥大的作用，而且也是世界动物遗传物质库的一个重要部分。

我国地方品种，是经过若干世代的人工选择和自然选择的产物，因而可很好适应当地环境。即使在饲草料条件和生态条件极为艰苦的地区，仍能正常生存和繁衍后代，如青藏高原的牦牛、藏羊，能够适应当地稀薄空气和强的紫外线照射；而从低海拔引进的安哥拉山羊、西门塔尔牛就难以适应，甚至死亡。

2. 保种的意义和任务

品种资源的保存，一般认为就是要妥善保存现有家畜家禽品种，使之免遭混杂和灭绝。其实，这只是基础的要求，严格地说，保种应该是保存现有家畜家禽品种资源的基因库，使其中每一种基因都不丢失，无论它目前是否有用。

保种工作是当前世界家畜育种工作中一项十分迫切的任务。在一些国家，随着商品畜牧业的发展，片面追求生产力和产品标准化，已使大量地方品种灭绝。大部分发展中国家，虽然品种资源丰富，但由于保种不当和盲目引种杂交，造成了原有品种的混杂和退化，从而出现了世界性的品种资源危机。我国品种资源丰富，很多品种早为世界瞩目，但如不果断地、及时地采取挽救措施，亦将重蹈国外的覆辙，造成品种资源枯竭。

许多地方品种尽管生产力都比较低，但却具有某些可贵的基因，绝不能任其丧失，而应加以妥善保存。这很可能对今后家畜育种产生很大影响，起到我们目前还无法预料到的作用。

还须指出，过去在有些地方，由于盲目开展杂交，致使有些地方品种混杂，质量逐渐退化，数量日趋减少，甚至濒于灭绝。如果真的把地方品种大部毁灭，这将给今后育种工作带来严重的甚至难以挽救的损失。

3. 保种的方法与途径

保存优良品种，可以采取常规保种法和现代生物技术保种法。常规保种法可以采取划定保护地，建立保护群，采用各家系等量留种和防止近交的一系列措施；现代生物技术保种法可以采用超低温冷冻保存精子、胚胎等措施，将来可望利用克隆技术挽救濒临灭绝的物种。

（二）品种资源的利用

保护家畜品种遗传资源主要是为了维持物种多样性，但最终的目的是能够用于将来的品种选育。一些目前尚没有得到充分利用的畜禽品种资源需要不断地挖掘其潜在的利用价值，特别是独特性能的利用，以便为提高我国未来畜牧业市场竞争能力打下基础。品种资源的利用可通过直接和间接两种方式。

1. 直接利用

一些地方良种以及培育品种，一般都具有较高的生产性能，或者在某一方面有突出的用途，如我国许多地方畜禽品种具有许多特殊的优良特性，主要表现在抗病力强、繁殖力高、耐粗饲，它们对当地的自然生态条件及饲养管理方式有良好的适应性。因此，这些品种可以直接用于生产畜产品。一些引入的外来良种，生产性能一般较高，适应性也较好，也可以直接利用。

2. 间接利用

对于某些地方品种，由于生产性能较低，作为商品生产的经济效益较差，可以在保存的同时，创造条件间接利用这些资源，主要有两种方式。

（1）作为杂种优势利用的原材料

有些地方品种繁殖能力好、母性强、泌乳能力高、对当地条件的适应性强，可作为母本进行杂交利用。同时，由于不同品种的杂交效果是不一样的，应进行杂交试验确定最好的杂交组合，配套推广使用，切不可进行盲目的、无计划的杂交。

（2）作为培育新品种的原始素材

在培育新品种时，为了使育成的新品种对当地的气候条件和饲养管理条件具有良好的适应性，通常都需要利用当地优良品种与外来品种杂交，通过适当的育种方法和手段培育新品种。

第二节　畜禽繁殖技术

一、生殖调控

（一）生殖激素分类及其功能

根据来源、分泌器官及转运机制的不同，生殖激素可分为五大类：来自下丘脑的促性腺激素释放激素，来自垂体前叶的促性腺激素，来自胎盘的促性腺激素，来自两性性腺即睾丸和卵巢的性腺激素和其他组织器官分泌的激素（如前列腺素）。此外，还有外激素。

1.下丘脑激素

哺乳动物的下丘脑，特别是其内侧基底部的一些特殊的神经核团，能分泌一些神经激素，这些激素可控制垂体相应激素的释放与合成。

2.垂体激素

垂体是一个很小的腺体，位于脑下蝶骨凹部的垂体窝内。垂体分泌的激素中以性腺为靶器官的称为垂体促性腺激素，这些激素直接关系到配子的成熟与释放，并刺激性腺产生类固醇激素。垂体促性腺激素主要包括促卵泡素（FSH）、促黄体生成素（LH）和促乳素（PRL）。

3.性腺激素

性腺激素主要来自母畜的卵巢和公畜的睾丸。睾丸主要分泌雄激素，卵巢主要分泌雌激素和孕酮。性腺激素对两性行为、第二性征、生殖器官的发育和维持及生殖周期的调节均起着重要的作用。

4.胎盘激素

胎盘可分泌垂体和性腺所分泌的多种激素，其中应用最广的是孕马血清促性腺激素和人绒毛膜促性腺激素。

（1）孕马血清促性腺激素（PMSG）

该激素由子宫内膜的杯状细胞分泌，存在于妊娠马属动物的血液中，一般妊娠 40 d 开始出现，60 ~ 120 d 内为含量高峰期，170 d 消失。

其主要功能：①显著地促进卵泡的发育，并可诱发家畜超数排卵；②促进排卵和黄体形成；③促进公畜睾丸的精细管发育和精细胞分化。

（2）人绒毛膜促性腺激素（HCG）

该激素来源于胎盘绒毛的合胞体层，存在于妊娠早期灵长类动物血液和尿液中。

其主要功能：①促进母畜卵泡成熟和排卵；②促进黄体形成；③治疗繁殖障碍性疾病。

此外，胎盘还可以分泌胎盘促乳素、胎盘雌激素和胎盘孕激素。

5. 前列腺素

前列腺素（PG）是一组具有生物活性的类脂物质，它虽不是典型的激素，但对畜禽的生殖过程具有重要作用。前列腺素可以来源于子宫、精液及其他组织。在畜禽生殖生理方面，前列腺素主要有以下作用。

（1）溶解黄体

可由子宫静脉透入卵巢动脉而作用于黄体使之溶解，可用来治疗持久黄体和子宫积脓等疾病。

（2）刺激子宫收缩或舒张

可刺激子宫肌收缩，使其张力增强；而 PGE、PGA 等可使子宫肌松弛，张力减低，可用于人工控制家畜的分娩。

（3）影响输卵管活动和受精卵的运行

PGF 可使输卵管闭塞，使受精卵在管内滞留；而 PGE 则可解除这种闭塞，有利于受精卵运行；故可调节受精卵发育和子宫的状态同步化。

此外，前列腺素在排卵、妊娠以及提高精液品质等方面均有着重要的作用。

（二）生殖激素的调控机理

1. 对公畜生殖活动的调节

（1）在内外环境因素的作用下，下丘脑可释放 GnRH，GnRH 通过垂体门静脉作用于垂体，促进垂体前叶分泌 FSH 和 LH，FSH 和 LH 分别控制精子的生成、促进睾丸间质细胞合成睾酮。

（2）雄激素在血浆中达到一定浓度时，可反馈性抑制 GnRH 和 FSH、LH 的分泌，从而使雄激素的分泌量维持在一定的水平。

（3）支持细胞所分泌的抑制素对 FSH 的释放具有很强的负反馈作用。

对副性器官及第二性征的调节。公畜的副性器官的生长发育、形态维持、分泌活动及其他一切功能，均依赖于雄激素的调节。幼年去势的畜禽，副性器官将永远保持幼稚状态，不能进一步生长发育，而且不会出现很明显的雄性第二性征。

2. 对母畜生殖活动的调节

（1）在内外环境因素的作用下，下丘脑释放 GnRH，作用于垂体，促进垂体前叶分泌并释放 FSH 和 LH，FSH 和 LH 作用于卵巢。

（2）FSH 可促进卵泡的生长发育和成熟并使其分泌雌激素，同时能使颗粒细胞产生芳香化酶，将内膜细胞产生的雄激素（卵巢可以分泌一定的雄激素）转化为雌激素；而血液中雌激素达到一定浓度时，又可对 GnRH 和 FSH 的分泌产生负反馈作用。

（3）卵巢中的雌激素又可通过局部正反馈作用，增加卵泡对 LH 和 FSH 的敏感性，在 FSH 分泌减少的情况下，继续促进卵泡的生长发育；在排卵前夕高浓度的雌激素对 GnRH 和 LH 的分泌产生负反馈作用。

（4）卵泡的颗粒细胞能分泌抑制素，对 FSH 的分泌产生抑制作用。

（5）促乳素具有维持黄体的作用。

通过下丘脑—垂体—卵巢轴对卵巢活动的调节及卵巢的自身调节过程，既保证了血液中雌激素和孕激素浓度的水平，又保证了性周期不同时期对雌激素和孕激素的需要，从而维持母畜的正常生殖过程。

对副性器官及第二性征的调节。母畜副性器官的生长发育、形态维持等都依赖于雌激素。如母畜乳腺系统的发育、发情与交配行为的表现等都是雌激素作用的结果，而妊娠过程的维持、子宫内胚泡附植环境的创造、子宫体的发育等均需孕激素的参与。

由此可见，生殖激素参与了畜禽生殖的各个过程，这些激素相互协调以维持正常的繁殖活动。生殖激素作用的紊乱，常常是造成畜禽不育的重要原因。

二、公畜的繁殖机能

（一）性成熟

家畜生长发育一定时期，生殖器官基本发育完全，第二性征开始表现，性腺中开始形成成熟的生殖细胞，同时分泌性激素，出现各种性反射，这一时期称为性成熟。

雄性牛、羊的性成熟期分别为 10 ～ 18 月龄、6 ～ 10 月龄，初配月龄分别为 18 ～ 24 月龄、12 ～ 15 月龄。公畜刚性成熟后，并不意味着能在生产中配种使用，这是因为公畜还处于生长发育比较迅速的阶段，若过早交配繁殖，则会严重阻碍其发育，影响后代的品质。但初配过迟，不仅造成一定的经济损失，而且还可能使公畜发生性行为异常。公畜的初配午龄，主要决定于个体发育程度，一般以达到成年体重的 70% ～ 80% 为宜。

（二）性行为

性行为是动物的一种特殊行为表现，公畜的性行为一般包括性激动、求偶、勃起、爬跨、交配、射精一系列过程。性行为的表现受公畜的营养水平、健康状况、激素水平、神经类型以及季节和气候等因素的影响。

缺乏性经验的青年公畜应加以调教和训练，以保证配种或采精顺利完成。

（三）精子发生过程

公畜在生殖年龄中，睾丸精细管上皮进行细胞的分裂、分化和形态上的变化，产生精子。精细管上皮由两种细胞组成，即支持细胞和生精细胞，支持细胞对精子发生起着营养和支持的作用，生精细胞为原始的生殖细胞，可分化成为精原细胞。

从精原细胞到精子形成的过程称为精子的发生，大体经历如下阶段：

1. 精原细胞的有丝分裂和初级精母细胞的形成。在此阶段，一个精原细胞经过数次有丝分裂，最终产生很多初级精母细胞（牛 24 个，绵羊 16 个），使精原细胞本身得到扩增。

2. 精母细胞的减数分裂和精子细胞的形成。初级精母细胞形成后，核内染色体复制，由原先的二倍体复制成四倍体，然后接连进行两次分裂，最终将原先四倍体的染色体均等分配到 4 个精子细胞中。因此，精子细胞和将由它演化成的精子都是单倍体，具备了生殖细胞的基本特征。

3. 精子细胞的变形和精子的形成。最初的精子细胞为圆形，以后逐渐变长，某些细胞器演化成精子特有的顶体、尾部等，细胞的原生质脱水浓缩。精子形成后，随即脱离精细管上皮，以游离状态进入管腔。

精子发生的全过程，牛需 60 d，绵羊需 49 ~ 50 d。

（四）精子形态结构

家畜的精子形似蝌蚪，长 50 ~ 70 μm，分头、颈、尾三个部分。

头部：家畜精子的头呈扁卵圆形，主要由核构成，核内集中着来自公畜的全部遗传物质；核的前部是顶体，与受精有密切关系。

颈部：是精子头尾结合部，是精子结构中最脆弱的部分。

尾部：是精子的运动器官，呈鞭毛状。尾部因各段结构不同，又分为中段、主段和末段三部分，中段是精子能量代谢的中心。

（五）精液的组成及相关参数

1. 精液的组成

精液中精子占 5% 左右，其余为精浆。精浆中除了含有大量水、果糖、蛋白质和多肽外，还含有多种其他糖类（如葡萄糖）、酶类（如前列腺素）、无机盐和有机小分子，这些成分与血浆的成分相似。精浆中的糖类（主要是果糖）和蛋白质，可为精子提供营养和能源。就体积而言，有90%的精浆来自附属腺体的分泌物，其中主要是前列腺和精囊腺，少部分来自尿道球腺和附睾。

2. 精液的相关参数

（1）精液量

精液量指一次排精所射出的精液体积。牛为 2 ~ 15 mL，平均 4 mL；羊为 0.2 ~ 4 mL，平均 1 mL；猪为 150 ~ 200 mL；鸡为 0.4 ~ 6 mL，平均 0.8 mL；兔为 0.7 ~ 2 mL，平均 1 mL；驴平均 50 mL；犬平均 6 mL；狐狸平均 1.5 mL。

（2）颜色

正常精液颜色是灰白色或略带黄色，猪和马的精液呈乳白色或浅灰白色。如果精液出现黄绿色，则可能存在炎症（如前列腺炎和精囊炎）；如果精液呈红色（包括鲜红、淡红、暗红或酱油色），可能为血精。

（3）云雾状

指新鲜精液在 33 ~ 35℃温度下，精子成群运动产生的上下翻卷的现象。云雾状的明显程度代表高浓度的精液中精子活力的高低，云雾状翻卷明显且较快说明精子活力强。

（4）酸碱度

精液呈弱碱性，pH 值为 7.2 ~ 7.8。

（5）精子密度

测定精液密度的方法有估测法、红细胞计数法和光电比色法。一般用测定活率的平板压片法进行显微镜观察，"稀"的标准是精子分散存在，精子之间的空隙超过一个精子的长度，一般每毫升所含精子在 2 亿以下，有些精子的活动情况可以清楚地看到，一般每毫升所含精子数在 2 亿 ~ 10 亿之间；"密"的标准是在整个视野中精子密度很大，彼此间隙很小，看不清各个精子的活动情况，一般每毫升含精子数 10 亿以上。牛的精子密度为 8 亿 ~ 12 亿 /mL，羊为 20 亿 ~ 30 亿 /mL，猪为 2 亿 ~ 3 亿 /mL，马为 1.5 亿 ~ 3 亿 /mL，鸡为 30 亿 ~ 50 亿 /mL。

（6）精子活率

精子活率是指一滴精液中直线运动的精子所占比例。如果视野中只有 80% 的精子直线前进，其余 20% 非直线式运作，则评分为 0.8，即活率为 0.8。

（7）精子畸形率

精子畸形率是指畸形精子占视野中总精子数的百分率。

三、母畜的繁殖机能

（一）初情期与性成熟

1. 初情期

母畜的初情期是指初次发情或排卵的年龄，此时母畜虽有发情表现，但不完全，而且生殖器官仍在发育中。

2. 性成熟期

母畜到了一定年龄，生殖器官已发育完全，出现完整的发情，并能怀胎产仔，即具备了正常的繁殖能力，称为性成熟。性成熟的年龄，因遗传因素、环境因素、饲养管理因素以及其他因素的不同而异。母牛的性成熟期为8～14月龄，绵羊为6～10月龄，山羊为5～10月龄。

母畜达到了性成熟并不能立即配种使用，母畜此时仍处于迅速的生长发育过程中，生殖器官的发育尚不完善，过早使用会影响其将来的种用价值。对于适配年龄，除考虑个体的生长发育外，一般要求体重达到成年体重的65%～70%及以上。母牛适配年龄为14～22月龄，绵羊为9～18月龄，山羊为12～18月龄。

（二）卵子发生过程与排卵

畜禽在胚胎期性别分化后，雌性胎儿的原始生殖细胞便分化为卵原细胞，从卵原细胞到成熟卵子的发育过程称为卵子发生，这一过程可分为以下三个阶段：

1. 卵原细胞增殖期

在此期，由原始生殖细胞分化来的卵原细胞经多次有丝分裂形成许多卵原细胞，卵原细胞经过有丝分裂之后，发育为初级卵母细胞；经短暂时间后，初级卵母细胞便被卵泡细胞所包围而形成原始卵泡，贮存于卵巢皮质部。

2. 卵母细胞生长期

此期主要是卵泡细胞的分裂及卵母细胞营养物质的积累过程。卵泡细胞通过有丝分裂而增殖，由单层变为复层；卵黄颗粒增多，使初期卵母细胞的体积增大；卵泡细胞实际上是作为营养细胞，为卵母细胞提供营养物质。

3. 卵母细胞成熟期

这一时期主要是初级卵母细胞进行两次成熟分裂。

第一次成熟分裂，也称为减数分裂。一个初级卵母细胞分裂形成两个大小不同的细胞，大的含有大部分细胞质，称为次级卵母细胞；小的只含有少量的细胞质，称为第一极体。次级卵母细胞所含的染色体仅为初级卵母细胞或体细胞的一半。

第二次成熟分裂。一个次级卵母细胞经第二次成熟分裂（有丝分裂）形成两个大小不同的细胞，大的称为卵子，小的称为第二极体。卵子同精子一样，属于单倍体。

成熟的卵子呈圆形、椭圆形或扁形。其结构由放射冠、透明带、卵黄膜及卵黄等部分组成。卵子的最外层是由卵丘细胞构成的放射冠；向里为一层均质而明显的半透膜，称透明带，透明带可以被蛋白质分解酶所溶解；卵子的外膜为卵黄膜，其作用是保护卵子、选择精子和选择性地吸收无机离子和代谢物质；卵黄占据透明带以内的大部分容积，其内含有卵核及线粒体、高尔基体等细胞器。

4. 排卵

成熟卵泡的泡壁破裂，卵巢膜局部崩解，卵母细胞随同周围的卵丘细胞及卵泡液一起流出，附着在卵巢表面，接着便被输卵管伞所接纳，这一过程称为排卵。

排卵有两种类型，即自发性排卵和诱发性排卵。自发性排卵不需要外来刺激而自然发生，排卵后又自然地形成了黄体。牛、羊等绝大多数畜种的排卵均属这一类型。诱发性排卵必须经过交配刺激方可排卵。兔、骆驼等畜种的排卵属于此类。

5. 黄体的形成与退化

排卵后，破裂的卵泡壁向内皱缩，并被血凝块所填充，血凝块是由卵泡壁上破裂的血管渗出血液凝结而成的，这时称为红体，此后红体转变为黄体。黄体的作用是分泌孕激素，使生殖器官发生一系列的变化，为接收受精卵做准备，同时维持妊娠和抑制其他卵泡的生长发育。黄体存在的时间取决于排出的卵细胞是否受精，如果排出的卵已受精，且母畜也受孕，则黄体一直维持到妊娠后期才逐渐退化，这样的黄体称为妊娠黄体；若卵未受精，母羊、母牛的黄体分别维持 14 ~ 15 d、16 ~ 17 d 后退化，这样的黄体称为周期黄体。黄体退化后，都将变成没有功能的白体，最后在卵巢表面留下残迹。

（三）母畜的发情周期

母畜到了初情期后，生殖器官及整个机体便发生一系列周期性的变化，这种变化周而复始（非发情季节及怀孕母畜除外），一直到绝情期停止活动，这种周期性的性活动，称为发情周期。发情周期的时间是指从一次发情的开始（或结束）到下一次发情开始（或结束）所间隔的时间。母牛为 18 ~ 24 d，绵羊为 14 ~ 29 d，山羊为 18 ~ 22 d。家畜发情周期大致可分为四个阶段。

1. 发情前期

发情前期是发情周期的开始时期，卵巢上的黄体进一步退化，卵巢中新的卵泡开始发育增大；雌激素分泌增加，刺激生殖道，使子宫及阴道黏膜增生和充血，子宫颈稍开放，出现性兴奋，但不接受爬跨。

2. 发情期

卵巢内卵泡迅速发育；在雌激素的强烈刺激下，使生殖道和外阴部充血肿胀、黏膜增厚、腺体分泌物增多、子宫颈开放、流出大量黏液；此时母畜性欲和性兴奋进入高潮，接受公畜爬跨并交配。母牛发情持续期为 13 ~ 27 h，绵羊为 30 ~ 36 h，山羊为 32 ~ 40 h。

3. 发情后期

发情后期是排卵后黄体开始形成的阶段，母畜由性激动逐渐转入平静状态，其生殖道的充血逐渐消退，蠕动减弱，子宫颈口封闭，拒绝爬跨。

4. 休情期

休情期是发情后期至下一次发情前期的一段时间，这一段时间最长。此期黄体继续生长，子宫黏膜增厚，子宫腺增生肥大而弯曲，分泌加强，产生子宫乳。如果卵母细胞受精，这一阶段将延续下去，如果未受精，则黄体退化，作用消失，卵巢内又有新的卵泡开始生长发育。

（四）母畜发情鉴定

发情鉴定就是用一定的方法判断母畜是否发情，发情是否正常，以及母畜所处的发情阶段，以便适时配种，提高受胎率。常用的发情鉴定方法有：

1. 外部观察法

外部观察法是各种动物发情鉴定最常用的一种方法，主要是根据动物的外部表现和精神状态来判断其是否发情和发情的状况。各种动物发情时，通常共性的表现特征是：食欲减退甚至拒食，兴奋不安，来回走动，外阴肿胀、潮红、湿润，有的流出黏液，频频排尿。不同种类动物也有各自特征，如母牛发情时鸣叫，爬跨其他母牛；母猪拱门跳圈；母马扬头嘶鸣，阴唇外翻闪露阴蒂；母驴伸颈低头，吧嗒嘴等。动物的发情特征是随发情过程的进展，由弱变强又逐渐减弱至完全消失。为此，在进行发情鉴定时，最好从开始就对被鉴定动物进行定期观察，从而了解其发情变化的全过程，以便获得较好的鉴定效果。

2. 试情法

这种方法是利用体质健壮、性欲旺盛、无恶癖的非种用雄性动物对雌性动物进行试情，根据雌性动物对雄性动物的反应来判断其发情与否及发情的程度。

当雌性动物发情时，愿接近雄性动物且呈交配姿势；不发情的或发情结束的雌性动物，则远离试情的雄性动物，强行接近时，有反抗行为。试情公畜在试情前要进行处理，最好做输精管结扎或阴茎扭转手术，而羊在腹部结扎试情布即可使用。小动物，是以公、母兽成对放在笼内进行观察。此法的优点是简便，表现明显，容易掌握，适用于发情不明显的家畜，在绵羊、山羊发情鉴定中最为常用。

3. 直肠检查法

该方法是将手伸进母畜的直肠内，隔着直肠检查卵泡的发育情况，以便决定配种适期。该方法只适用于马属动物及牛等大家畜。

直肠检查法是将已涂润滑剂的手臂伸进保定好的动物直肠内，隔着直肠壁检查卵泡发育情况，以确定配种适期的方法。本方法只适用于大动物，在生产实践中，对牛、马、驴及马鹿的发情鉴定效果较为理想。检查时要有步骤地进行，用指肚触诊卵泡的发育情况时，切勿用手挤压，以免将发育中的卵泡挤破。此法的优点是：可以准确判断卵泡的发育程度，确定适宜的输精时间，有利于减少输精次数，提高受胎率；也可在必要时进行妊娠检查，以免对妊娠动物进行误配，引发流产。缺点是：操作者的技术要熟练，经验愈丰富，鉴定的准确性愈高；冬季检查时操作者必须脱掉衣服，才能将手臂伸进动物直肠，易引起术者感冒和风湿性关节炎等职业病；如劳动保护不妥（不戴长臂手套），易感染布氏杆菌病等人畜共患病。

四、人工授精技术

人工授精是指利用器械以人工方法采集雄性动物的精液，经特定处理后，再输入到发情的雌性动物生殖道的特定部位使其妊娠的一种动物繁殖技术。

（一）采精

1. 采精前的准备

采精前要准备好采精器械和药品，并对采精器械，如假阴道、集精杯、贮精瓶等进行严格消毒；然后对所要采精的种公畜用不同的诱情方法使其性激动，适时采精。

2. 采精的方法

采精的方法很多，如假阴道法、手握法、按摩法、电刺激法等。其中，假阴道法比较理想，适合于各种家畜。各种家畜的假阴道，因公畜阴茎的构造不同而异，但主要部件大同小异，一般由外壳、内胎、集精杯等组成。

采精前，将经消毒的假阴道装入 40℃ 的温水，在假阴道内胎表面涂上一层无菌润滑剂，然后给内胎充气、定压，使得内胎插入阴茎时产生与母畜阴道同样的感觉。

采精时，采精员站在台畜后部右侧，右手拿好已准备好的假阴道。当公畜跳上台畜而阴茎未触及台畜之前，立即用左手轻握包皮将阴茎导入假阴道，公畜射精完毕，立即将假阴道竖直送至镜检室检测。

（二）精液品质检查

检测内容包括精液外观形态、射精量及精子品质等指标。

外观检测主要看精液色泽和精子的活动状态，家畜的正常精液为乳白色，或略带黄色。精液如果呈灰白色，说明精液稀薄，含精子数少；如果略带红色，可能混有血液；若呈深黄色，可能有尿液混入；若呈红褐色，则可能由生殖道损伤或炎症所致；若呈黄绿色，可能有脓液混入。不正常精液均不得用于输精或制作冷冻精液。正常精液若含精子密度大，活率高时，精液会呈现回转滚动云雾状态。

显微镜检测精子品质的主要指标有精子密度、精子活率和精子形态。精子密度指 1 mL 精液中所含精子数，可用血细胞计数器计数；精子活率指呈直线运动的精子数量占视野内精子总数的百分率；精子形态主要检查视野中有无畸形精子，并计算畸形率，一般而言，精子畸形率不得超过 20%，否则应视为异常精液，不得使用。

（三）精液的稀释

精液稀释的目的是扩大精液的容量，提高利用率；延长精液保存时间，便于运输；调节精液的 pH 值，维持适宜的精子生存环境。

常用的精液稀释液中通常含有以下成分：

1. 营养剂兼稀释剂

如奶类、卵黄、葡萄糖、果糖等，既起稀释作用，还能为精子提供营养。

2. 保护剂

如作为缓冲物质的柠檬酸钠、延长精子体外成活时间的非电解质、防冷刺激的卵磷脂、抗冻物质甘油和抗菌物质青链霉素等。

3. 其他添加剂

如酶类、激素类和维生素类等。

（四）精液的保存

按保存温度可分为常温保存、低温保存和冷冻保存三种。

1. 常温保存

保存温度 10 ~ 14℃，用含有明胶的稀释液进行稀释，置于无菌、干燥的试管中，覆盖液体石蜡，加塞封蜡，可保存 48 h，活力为原精液的 70%。

明胶稀释液配方：柠檬酸钠 3 g，磺胺甲基嘧啶钠 0.15 g，后莫氨磺酰 0.1 g，明胶 10 g，蒸馏水 100 mL。

2. 低温保存

保存温度 0 ~ 5℃，缓慢降温后，精液试管外包棉花，装入塑料袋内，放入冰箱中，可保存 1 ~ 2 d。

3. 冷冻保存

保存温度 -79 ~ -196℃，将精液用专用的冷冻稀释液稀释后，放入 4℃冰箱平衡 2 ~ 4 h，用程序冷冻仪冷冻，液氮罐保存，可长年保存。

（五）输精

输精前，要做好输精器械（开膣器、输精器等）、被输母畜及输精人员的消毒工作，然后再对所输精液品质进行检查，输精时精液温度应不低于 25℃。新鲜精液精子活率一般要求 70% 以上；冷冻精液精子活率一般要求 35% 以上。

输精方法及输精部位因畜种不同而异，牛多采用直肠把握法，即用一只手伸入直肠中固定子宫颈，另一只手将输精管插入子宫颈把精液送入子宫深部；绵羊和山羊均采用开膣器输精法，即用开膣器张开阴道，将输精管伸入子宫颈口 1 ~ 2 cm 输精；猪则是将输精管直接插入子宫颈后输精。

五、胚胎工程技术

胚胎工程是指对动物早期胚胎或配子所进行的多种显微操作和处理技术。包括卵母细胞体外成熟、体外受精、体外培养、克隆、转基因克隆、性别鉴定、胚胎移植等技术。

（一）体外生产胚胎

体外生产胚胎的关键技术环节包括卵母细胞体外成熟（In Vitro Maturation，IVM）、体外受精（In Vitro Fertilization，IVF）、胚胎早期培养（In Vitro Culture，IVC）。

1.卵母细胞体外成熟

哺乳动物出生前在卵巢白膜下的原始卵泡库中贮存着几万到几百万枚原始卵母细胞；性成熟后，卵巢中卵母细胞的数量大大减少，人约 4 万枚，小鼠约 0.5 万枚，牛羊为 10 万 ~ 20 万枚，猪为 40 多万枚；每次发情周期，卵巢中有 500 ~ 1 000 枚初级卵母细胞发育，但仅有极少数优势卵泡内的卵母细胞发育成熟，绝大部分卵泡在发育过程闭锁退化；排卵时只有一枚、几枚或十几枚（猪和犬等）成熟卵泡破裂排卵。

由此可见，哺乳动物卵巢卵母细胞蕴藏着很大的开发潜力。

（1）牛、羊卵母细胞的采集

屠宰场采集牛羊卵巢，灭菌生理盐水清洗后，迅速放入含有青链霉素的无菌生理盐水中，保温瓶温度为 23 ~ 28℃，6 h 之内运回实验室。

卵巢运回实验室后，无菌生理盐水冲洗 3 次，转入无菌操作室，剪去卵巢表面的结缔组织、脂肪、卵巢系膜和附着的输卵管，再用无菌生理盐水清洗 3 次，浸泡在 38℃生理盐水中备用。

牛、羊卵母细胞的采集分别采用抽吸法和切割法，采集卵巢表面 2 ~ 8 mm 卵泡的卵泡液，卵泡液注入 PBS 液的检胚皿中，恒温静置一段时间，体视镜镜检卵丘卵母细胞复合体（Cumulus Oocyte Complexes，COCs）。

（2）卵母细胞的级别

A 级：由 5 层以上致密卵丘细胞包被的卵母细胞；B 级：由 2 ~ 4 层卵丘细胞基本包被的卵母细胞；C 级：卵丘细胞松散或不完全包被的卵母细胞；D 级：仅有少量卵丘细胞存在或裸露的卵母细胞；E 级：卵丘细胞已经完全扩展呈蜘蛛网状，卵母细胞胞质不均一，处于退化状态的卵母细胞。

不同级别的卵母细胞体外成熟率、受精率差异很大，现在一般选用 A、B 类卵母细胞做体外培养。

（3）卵母细胞体外成熟培养条件

培养温度：38.5℃；培养湿度：95%～100%；气体环境：5%CO_2的空气；培养时间：23～24 h；培养方法：微滴培养法与U形皿培养法。

（4）卵母细胞体外成熟培养液

基础成熟液（OM）：以Hepes或$NaHCO_3$缓冲的TCM-199为基础OM液。

常用添加成分：卵泡液、血清、激素（FSH，LH，17-E2）、生长因子（TGF-1，EGF）和颗粒细胞等。添加以上成分可以改善体外培养条件，显著提高卵母细胞成熟率，保证较高受精率和囊胚率。

（5）卵母细胞体外成熟的特征

①卵母细胞的核成熟以第一极体排出为标志。

②卵母细胞的胞质成熟以卵丘细胞高度扩展为标志。

③透明带上的精子受体（ZP1、ZP2、ZP3）发生重排，透明带结构变软。

2. 体外受精

（1）精液解冻

细管冷冻精液在37℃水浴迅速解冻，采集少许精液镜检精子活力。

（2）精子洗涤与上浮

活力良好的解冻精液注入在CO_2培养箱中平衡过2 h以上的BO液离心管底部，在CO_2培养箱内倾斜45°静置上浮30～60 min，离心管底部活力强的精子上游至上层BO液中。吸取离心管上层含有精子的BO液2 mL，注入另一无菌离心管，再加入2 mL BO液，1 500 r/min离心7～8 min，弃掉上清液，吸取离心管底部高浓度精子洗涤液备用。

（3）精子获能

上浮筛选的精子移入新的受精液，置于CO_2培养箱孵育15 min，使其获能。

（4）IVM卵母细胞体外受精

挑选A、B级卵母细胞移入平衡过的PBS液和BO液各清洗3次，洗涤好的成熟卵母细胞连同BO液用吸管转移到一次性塑料平皿中，50 μL微滴培养，每滴含10个左右卵母细胞，做好微滴后上盖液体石蜡。用细嘴吸管吸取经获能处理的精液，注入卵母细胞微滴中进行体外受精。一般体外受精时间为18～24 h。

3. 胚胎早期培养

哺乳动物早期胚胎在体外培养过程中，胚胎的物质代谢、培养液pH值、离子浓度和营养组分等多种因素均可影响其正常发育，导致早期胚胎发育阻滞。小鼠胚胎发育阻滞期为2-C期，牛羊为8～16-C期。通过调整培养基组分或者添加某些特殊物质可以帮助早期胚胎突破发育阻滞期。目前，常用的早期胚胎体外培养液为合成培养液，主要以TCM-199为基础，配制的CRIaa或SOFaa液。

（二）克隆

克隆包括核移植与胚胎分割，核移植是克隆与转基因克隆的重要手段，是动物反应器的重要技术保障。核移植所需细胞质供体是经去核处理的孤雌激活卵母细胞，细胞核来自目标动物的体细胞核或转基因体细胞核。来源不同的细胞核与细胞质需要融合与激活，然后体外培养，胚胎移植，产生克隆动物。

（三）早期胚胎性别鉴定

早期胚胎性别鉴定是性别控制的一项重要内容，胚胎性别鉴定的方法如下：

细胞生物学方法：染色体核形分析。

免疫学方法：细胞毒性分析法、间接免疫荧光分析法、囊胚形成抑制法。

分子生物学方法：Y 染色体特异性 DNA 探针、PCR 扩增 DNA 片段法、PCR 扩增 SRY 序列法。其中，PCR 扩增 SRY 序列法以其特异性强、灵敏度高、快速、简便、经济等优点，在家畜早期胚胎的性别鉴定中越来越显示出其独特的优越性。

（四）胚胎移植

胚胎移植是指将优质、珍稀、贵重动物通过超数排卵，或者通过卵母细胞体外成熟、体外受精等方式得到的胚胎，移植到同种的、生理状态相同的其他雌性动物输卵管或者子宫内，使之继续发育为新个体的技术。

1.羊胚胎移植的关键环节

（1）供体羊要求

纯种（如杜泊绵羊），繁殖正常，2 ~ 3 产，中等膘情。

（2）受体羊要求

繁殖正常的 2 ~ 3 产本地母羊，如小尾寒羊，中等膘情。

（3）供体超数排卵与配种

放 CIDR 栓当天为 0 d，在第 13 天开始注射 FSH，每次间隔 12 h，3 d 注射 6 次，减量注射。最后 1 针 FSH 后撤 CIDR 栓，并注射 0.8 ~ 1.0 mL PG。撤栓后第 2 天开始发情，第 1 次配种后注射与 FSH 相当剂量的 LH，以后每 8 h 配种 1 次，直到手术。

（4）受体同期发情

供体放 CIDR 后，可以间隔 9 d 2 次使用 PG，在第 2 次使用 PG 后 24 h 进入发情盛期，正好与供体同步。

（5）冲胚时间

子宫冲胚法在配种后 3 ~ 5 d 冲胚，输卵管冲胚在 60 ~ 72 h 冲胚。

（6）手术前准备

供体羊与受体羊要事先按照发情先后分组，同期的放在同一组，用不同颜色的喷漆编号。手术前 24 h 禁食，手术部位刮毛清洗。手术间升温到 25℃以上，并彻底消毒，准备好保定架、药品、器械等。

（7）手术

供体与受体在手术中要杜绝出血，以防止粘连。

（8）术后管理

供体手术后第一个情期（绵羊 17 d，山羊 21 d）要配种，受体羊精心管理，在 3 个情期试情后没有返情者认定妊娠。

2. 牛胚胎移植的关键环节

（1）供体牛要求

纯种（如荷斯坦奶牛），繁殖正常，2 ~ 3 产，中等膘情。

（2）受体羊要求

繁殖正常的经产本地母牛，中等膘情。

（3）非手术冲胚与移植

牛用带气球的双通冲胚管冲胚，冲胚前用黏液棒抽吸子宫颈黏液，然后把冲胚管插入子宫，打气使气球卡紧子宫颈口，用 PBS 液冲胚，每次 50 mL，冲 5 ~ 6 次。镜检后胚胎装管置于移植枪移植。

（4）妊娠检查与管理

2 ~ 3 个月后直肠妊娠检查。

第三章　家畜养殖技术

第一节　羊的饲养管理技术

一、羊饲养的一般原则

（一）多种饲料合理搭配

应以饲养标准中各种营养物质的建议量作为配合日粮的依据，并按实际情况进行调整。尽可能采用多种饲料，包括青饲料（青草、青贮料）、粗饲料（干草、农作物秸秆）、精饲料（能量饲料、蛋白质饲料）、添加剂饲料（矿物质、微量元素、非蛋白氮）等，以发挥营养物质的互补作用。

（二）切实注意饲料品质，合理调制饲料

要考虑饲料的适口性和饲用价值，有些饲料（如棉籽饼、菜籽饼等）营养价值虽高，但适口性差或含有害物质，应限制其在日粮中的用量，并注意脱毒处理。青、粗及多汁饲料在羊的日粮中占有较大比例，其品质优劣对羊的生长发育影响较大，在日常饲养中必须引起足够重视，特别是秸秆类粗饲料，既要注意防霉变质，又要在饲喂前铡短或揉碎。

（三）更换饲料应逐步过渡

在反刍动物饲养中，由于日粮的变化处理不当而引起死亡的例子很多，尤其是羊，突然改变日粮成分则可能是致命的，至少会引起消化不良。这是因为反刍动物瘤胃微生物区系对特定日粮饲料类型是相对固定的，日粮中饲料成分变化，会引起瘤胃微生物区系的变化。当日粮饲料成分突然变化时，特别是从高比例粗饲料日粮突然转变为高比例精饲料日粮时，瘤胃微生物区系还未进行适应性改变，瘤胃中还不存在许多乳酸分解菌，最后由于产生过多的乳酸积累而引起酸中毒综合征。为了避免发生这种情况，日粮成分的改变应该逐渐进行，至少要过渡 2 ~ 3 周，过渡时间的长短取决于喂饲精饲料的数量、精饲料加工的程度以及喂饲的次数。

（四）制定合理的饲喂制度

为了给瘤胃微生物群落创造良好的环境条件，使其保持对纤维素分解的最佳状况，

繁殖生长更多的微生物菌体蛋白，在羊的饲养中除要注意日粮蛋白、能量饲料的合理搭配及日粮饲料成分的相对稳定外，还要制定合理的饲喂方式、饲喂量及饲喂次数。反刍动物瘤胃分解纤维素的微生物菌群对瘤胃过量的酸很敏感，一般 pH 值为 6.4 ~ 7.0 时最适合。如果 pH 值低于 6.2，纤维发酵菌的生长速率将降低；若 pH 值低于 6.0 时，其活动就会完全停止，所以在饲喂羊时，需要设法延长羊的采食时间和反刍时间，通过增加唾液（碱性的）分泌量来中和瘤胃中的酸，提高瘤胃液的 pH 值；合理的饲喂制度应该是定时定量，少吃多餐，形成良好的条件反射，以提高饲料的消化率和利用率。

（五）保证清洁的饮水

羊场供水方式有分散式给水（井水、河水、湖塘水、降水等）和集中式给水（自来水供水）。提供饮水的井要建在没有污染的非低洼地方，井周围 20 ~ 30 米范围内不得设置渗水厕所、渗水坑、粪坑、垃圾堆和废渣堆等污染源。在水井 3 ~ 5 米的范围，最好设防护栏，禁止在此地带洗衣服、倒污水和脏物，水井至少距畜舍 30 ~ 50 米。湖水、塘水周围应建立防护设施，禁止在其内洗衣或让其他动物进入饮水区。利用降水、河水时，应修建带有沉淀、过滤处理的贮水池，取水点附近 20 米以内，不要设厕所、粪坑和堆放垃圾。

二、羊管理的一般程序

（一）注意卫生，保持干燥

羊喜吃干净的饲料，饮清洁卫生的水。草料、饮水被污染或有异味，羊宁可受饿、受渴也不采食、饮用。因此，在舍内补饲时，应少喂勤添。给草过多，一经践踏或被粪便污染，羊就不吃。即使有草架，如投草过多，羊在采食时呼出的气体使草受潮，羊也不吃而造成浪费。羊群经常活动的场所，应选高燥、通风、向阳的地方。羊圈潮湿、闷热，牧地低洼潮湿，寄生虫容易滋生，易导致羊群发病，使毛质降低，脱毛加重，腐蹄病增多。

（二）保持安静，防止兽害

羊是胆量较小的家畜，易受惊吓，缺乏自卫能力，遇敌兽不抵抗，只是逃窜或团团不动。所以羊群放牧或在羊场舍饲，必须注意保持周围环境安静，以避免影响其采食等活动。放牧羊还要特别注意防止狼等兽害对羊群的侵袭。

（三）夏季防暑，冬季防寒

绵羊夏季怕热，山羊冬季怕冷。绵羊汗腺不发达，散热性能差，在炎热天气相互间有借腹蔽荫行为（俗称"扎窝子"）。我国北方地区温度一般在 –10 ~ 30℃，故适于养羊，特别是适于养肉羊、细毛羊等。而在南方的高湿、高热地区，则适于饲养山羊。

一般认为羊对于热和寒冷都具有较好的耐受能力，这是因为羊毛具有绝热作用，既能阻止体热散发，又能阻止太阳辐射迅速传到皮肤，也能防御寒冷空气的侵袭。相比之下，绵羊较为怕热而不怕冷，山羊怕冷而不怕热。在炎热的夏季绵羊常有停止采食、喘气和"扎窝子"等现象，应注意遮光避热。秋后羊体肥壮，皮下脂肪增多，羊皮增厚，羊毛长而密，能减少体热散发和阻止寒冷空气的影响。但环境温度过低，低于 3 ~ 5℃以下，则应注意挡风保暖。

（四）合理分群，便于管理

由于绵羊和山羊的合群性、采食能力和行走速度及对牧草的选择能力有差异，因而放牧前应首先将绵羊与山羊分开。绵羊属于沉静型，反应迟钝，行动缓慢，不能攀登高山陡坡，采食时喜欢低着头，采食短小、稀疏的嫩草。山羊属活泼型，反应灵敏，行动灵活，喜欢登高采食，可在绵羊所不能利用的陡坡和山峦上放牧。

（五）适当运动，增强体质

种羊和舍饲羊必须有适当的运动。种公羊必须每天驱赶运动两小时以上，舍饲羊要有足够的畜舍面积和运动场地，供羊自由进出、自由活动。山羊青年羊群的运动场内还可设置小山、小丘，供其踩跋，以增强体质。

三、不同生理阶段羊的饲养管理

（一）种公羊的饲养管理

1.影响公羊配种能力的因素

（1）遗传因素

一般种公羊的品种不同，配种能力不同。山羊种公羊配种能力比绵羊强，地方品种公羊配种能力比人工培育品种强，毛用羊配种能力比肉用羊强。

（2）营养因素

营养条件对公羊配种能力影响很大。其中富含蛋白质的饲料有利于精液的生成，是种公羊不可缺少的饲料，能量饲料不宜过少或过多。过少时，公羊体况消瘦、乏力、影响性欲。过多时，公羊肥胖，行动不便，同样影响性欲。食盐和钙、磷等矿物质元素对于促进消化机能、维持食欲和精液品质有重要作用。一些必需脂肪酸（亚油酸、花生油酸、亚麻油酸和亚麻油烯酸）对于雄性激素的形成十分重要。胡萝卜素（维生素 A）不足容易引起睾丸上皮细胞角质化，锰不足容易引起睾丸萎缩。

（3）气温因素

在夏季炎热时，有些品种有完全不育或配种能力降低的现象，表现为性欲不强、射精量减少、精子活率下降、数量减少、畸形精子或死精子的比例上升。家畜精子的生成需要较体温低的环境，阴囊温度较体温低。环境温度对公羊精子形成有直接影响。另外，气温对甲状腺活动的影响，间接抑制公羊的生殖机能。

（4）运动量

运动量与公羊的体质状况关系密切，若运动不足，公羊会很快发胖，使体质降低，行动迟缓，影响性欲。同时，使精子活力降低，严重时不射精。但运动量过大时，消耗能量过多，也不利于健康。

（5）年龄

公羊一般在 6 ～ 10 月龄时性成熟，开始配种以 12 ～ 18 月龄为宜。配种过早，会影响身体的正常生长发育，并降低以后的配种能力。公羊的配种能力通常在 5 ～ 6 岁时达到最高峰，7 岁以后配种能力逐渐下降。

2. 提高公羊配种能力的措施

（1）改善营养条件

种公羊应全年保持均衡的营养状况，不肥不瘦，精力充沛，性欲旺盛，即"种用体况"。种公羊的饲养可分为配种期和非配种期两个阶段。

①配种期：即配种开始前 45 天左右至配种结束这段时间。这个阶段的任务是从营养上把公羊准备好，以适应紧张繁重的配种任务。这时把公羊应安排在最好的草场上放牧，同时给公羊补饲富含粗蛋白质、维生素、矿物质的混合精饲料和干草。蛋白质对提高公羊性欲、增加精子密度和射精量有决定性作用；维生素缺乏时，可引起公羊的睾丸萎缩、精子受精能力降低、畸形精子增加、射精量减少；钙、磷等矿物质是保证精子品质不可缺少的重要元素。据研究，一次射精需蛋白质 25 ～ 37 克。1 只主配公羊每天采精 5 ～ 6 次，需消耗大量的营养物质和体力。所以，配种期间应喂给公羊充足的全价日粮。

种公羊的日粮应由种类多、品质好且为公羊所喜食的饲料组成。豆类、燕麦、青稞、黍、高粱、大麦、麸皮都是公羊喜吃的良好精饲料，干草以豆科青干草和燕麦青干草为佳。此外，胡萝卜、玉米青贮料等多汁饲料也是很好的维生素饲料，玉米籽实是良好的能量饲料，但喂量不宜过多，占精饲料量的 25% ～ 35% 即可。

公羊的补饲定额，应根据公羊体重、膘情和采精次数来决定。目前，我国尚没有统一的种公羊饲养标准。一般在配种季节每只每天补饲混合精饲料 1.0 ～ 1.5 千克，青干草（冬配时）任意采食，骨粉 10 克，食盐 15 ～ 20 克，采精次数较多时可加喂鸡蛋 2 ～ 3 个（带皮揉碎，均匀拌在精料中），或脱脂乳 1 ～ 2 千克。种公羊的日粮不能过多，同时配种前准备阶段的日粮水平应逐渐提高，到配种开始时达到标准。

②非配种期：配种季节快结束时，就应逐渐减少精饲料的补饲量。转入非配种期以后，应以放牧为主，每天早、晚补饲混合精饲料 0.4 ～ 0.6 千克、多汁料 1.0 ～ 1.5 千克，夜间

添给青干草 1.0 ～ 1.5 千克。早、晚饮水各 1 次。

（2）加强公羊的运动

公羊的运动是配种期种公羊管理的重要内容。运动量的多少直接关系到精液质量和种公羊的体质。一般每天应坚持驱赶运动两小时左右。公羊运动时，应快步驱赶和自由行走相交替，快步驱赶的速度以使羊体皮肤发热而不致喘气为宜。运动量以平均一小时 5 千米左右为宜。

（3）提前有计划地调教初配种公羊

如果公羊是初配羊，则在配种前一个月左右，要有计划地对其进行调教。一般调教方法是让初配公羊在采精室与发情母羊进行自然交配几次；如果公羊性欲低，可把发情母羊的阴道分泌物抹在公羊鼻尖上以刺激其性欲，同时每天用温水把阴囊洗干净、擦干，然后用手由上而下地轻轻按摩睾丸，早、晚各 1 次，每次 10 分钟。

有些公羊到性成熟年龄时，甚至到体成熟之后，性机能的活动仍表现不正常，除进行上述调教外，配以合理的喂养及运动，还可使用外源激素治疗，提高血液中睾酮的浓度。方法是每只羊皮下或肌肉注射丙酸睾酮 100 毫克，或皮下埋藏 100 ～ 250 毫克；每只羊一次皮下注射孕马血清 500 ～ 1 200 U，或注射孕马血 10 ～ 15 毫升，可用两点或多点注射的方法；每只羊注射绒毛膜促性腺激素 100 ～ 500 U；还可以使用促黄体生成素（LH）治疗。

将公羊与发情母羊同群放牧，或同圈饲养，以直接刺激公羊的性机能活动。

（4）开展人工授精，提高优良种公羊的配种能力

自然交配时，公羊一次射精只能给 1 只母羊配种。采用人工授精，公羊一次射精，可给几只到几十只母羊配种，能有效提高公羊配种能力几倍到几十倍。

（5）加强品种选育，改善遗传品质

在公羊留种或选种时，要挑选具有较强的交配能力的种羊，或精液品质较好的种羊。

（二）种母羊的饲养管理

母羊的饲养管理情况对羔羊的发育、生长、成活影响很大。按照繁殖周期：母羊的怀孕期为 5 个月，哺乳期为 4 个月，空怀期为 3 个月。

1. 空怀期母羊的饲养管理

空怀期即恢复期，母羊要在这 3 个月当中从相当瘦弱的状态很快恢复到满足配种的体况是非常紧迫的。要保证胚胎充分发育及产后有充足的乳汁，空怀期的饲养管理是很重要的。只要母羊在配种前完全依靠放牧抓好膘，母羊都能整齐地发情受配。如有条件能在配种前给母羊补些精饲料，则有利于增加排卵数。

2. 怀孕期母羊的饲养管理

怀孕期母羊饲养管理的任务是保胎并使胎儿发育良好。受精卵在母羊子宫内着床后，最初 3 个月对营养物质需要量并不太大，一般不会感到营养缺乏，以后随着胎儿的不断发育，对营养的需要量逐渐增大。怀孕后期母羊所需营养物质比未孕期增加饲料单位

30% ～ 40%，增加可消化蛋白质 40% ～ 60%，此时期营养物质充足是获得体重大、毛密、健壮羔羊的基础。因此，要放牧好、喂好，提早补饲。补饲标准根据母羊生产性能、膘情和草料储备多少而定，一般每只每天补喂混合精饲料 0.2 ～ 0.45 千克。

对怀孕母羊饲养不当时，很容易引起流产和早产。要严禁喂发霉、变质、冰冻或其他异常饲料，禁忌空腹饮冰渣水；在日常放牧管理中禁忌惊吓、急跑、跳沟等剧烈动作，特别是在出、入圈门或补饲时，要防止互相挤压。母羊在怀孕后期不宜进行防疫注射。

3. 泌乳期母羊的饲养管理

母羊产后即开始哺乳羔羊。这一阶段的主要任务是要保证母羊有充足的奶水供给羔羊。母羊每生产 0.5 千克奶，需消耗 0.3 个饲料单位、33 克可消化蛋白质、1.2 克磷和 1.8 克钙。凡在怀孕期饲养管理适当的母羊，一般都不会影响泌乳。为了提高母羊的泌乳力，应给母羊补喂较多的青干草、多汁饲料和精饲料。哺乳母羊的圈舍必须经常打扫，以保持清洁干燥。对胎衣、毛团、石块、碎草等要及时扫除，以免羔羊舔食引起疾病。应经常检查母羊乳房，如发现有奶孔闭塞、乳房发炎、化脓或乳汁过多等情况，要及时采取相应措施予以处理。羔羊断奶时，母羊提前几天就减少多汁料、青贮料和精饲料的饲量，减少泌乳量以防乳房发炎。

（三）羔羊的饲养管理

羔羊的饲养管理，指断奶前的饲养管理。有的国家对羔羊采取早期断奶，然后用代乳品进行人工哺乳。目前，我国羔羊多采用 3 ～ 4 月龄断奶。

1. 羔羊的生理特点

初生时期的羔羊，最大的生理特点是前 3 个胃没有充分发育，最初起主要作用的是第 4 胃，前 3 个胃的作用很小。由于此时瘤胃微生物的区系尚未形成，没有消化粗纤维的能力，所以不能采食和利用草料，对淀粉的耐受力也很低。所吮母乳直接进入真胃，由真胃分泌的凝乳蛋白酶进行消化。随着日龄的增长和采食植物性饲料的增加，前 3 个胃的体积逐渐增大，在 20 日龄左右开始出现反刍活动。此后，真胃凝乳酶的分泌逐渐减少，其他消化酶逐渐增多，从而对草料的消化分解能力开始加强。

2. 造成羔羊死亡的原因

羔羊从出生到 40 天这段时间里，死亡率最高，分析死亡原因，主要是因为：

①初生羔羊体温调节机能不完善，抗寒冷能力差，若管理不善，羔羊容易被冻死。这是冬羔死亡的主要原因之一。

②新生羔羊由于血液中缺乏免疫抗体，抗病能力差，容易感染各种疾病，造成羔羊死亡。

③羔羊早期的消化器官尚未完全发育好，消化系统功能不健全，由于饲喂不当，容易引起各种消化疾病，营养物质吸收障碍，造成营养不良，消瘦而死亡。

④母羊在怀孕期营养状况不好，产后无乳、羔羊先天性发育不良、弱羔。

⑤初产母羊或护子性不强的母羊所产羔羊，在没有人工精心护理的情况下，也很容易造成死亡。

（四）育成羊的饲养管理

育成羊是指断乳后到第 1 次配种的幼龄羊，即 5～18 月龄的羊。育成羊在第一个越冬期往往由于补饲条件差，轻者体重锐减，减到它们断奶时的体重，重者造成死亡。所以，此阶段要重视饲养管理，备好草料，加强补饲，避免造成不必要的损失。冬羔羊由于出生早，断奶后正值青草萌发，可以放牧采食青草，秋末体重可达 35 千克左右。春羔羊由于出生晚，断奶后采食青草时间不长，即进入枯草期，首先，要保证有足够干草或秸秆，其次，每天补给混合精饲料 200～250 克，种用小母羊 500 克，种用小公羊 600 克。为了检查育成羊的发育情况，在 1.5 岁以前，从羊群抽出 5%～10% 的羊，固定下来，每月称重，检验饲养管理和生长发育情况，出现问题要及时采取措施。

四、商品肉羊的饲养管理

（一）品肉羊及特点

1. 育肥羊的来源

（1）早期断奶的羔羊

一般指 1.5 月龄左右的羔羊，育肥 50～60 天，4 月龄前出售，这是目前世界上羔羊肉生产的主流趋势。该育肥羊质量好，价格高。

（2）断奶后的羔羊

3～4 月龄羔羊断奶后肥育是当前肉羊生产的主要方式，因为断奶羔羊除小部分选留到后备羊群外，大部分要进行育肥出售处理。

（3）成年淘汰羊

主要指秋季选择淘汰老母羊和瘦弱羊为育肥的羊，这是目前我国牧区及半农半牧区羊肉生产的主要方式。

2. 育肥羊的生长发育

羔羊早期育肥是充分利用羔羊早期生长发育快，体组成部分（肌肉、骨骼）的增加大于非体部分，脂肪沉积少，瘤胃利用精料的能力强等有利因素，故此时育肥羔羊既能获得较高屠宰率，又能得到最大的饲料报酬。

断奶后羔羊育肥技巧：①对体重小或体况差的进行较长时间的适度育肥，让其进行一定的补偿生长发育；②对体重大或体况好的进行短期强度育肥，再发挥其生长潜力。成年羊育肥一般按照品种、活重和预期增重等指标确定肥育方式和日粮标准，在育肥成年羊的增重成分中，脂肪所占比例较大，饲料报酬不是很好。

推荐的舍饲羔羊育肥（肥羔生产）精料配方：玉米 55%，麸皮 12%，豆粕 30%，食盐 1%，鱼粉 2%。喂量：20 ～ 30 日龄，每只每日 50 ～ 70 克；1 ～ 2 月龄为 100 ～ 150 克；2 ～ 3 月龄为 200 克；3 ～ 4 月龄为 250 克。每日分 2 次饲喂。同时，饲喂优质的豆科牧草，也可让羔羊随母羊自由采食粗饲料。

推荐的放牧 + 补饲育肥羔羊（肥羔生产）精料配方：玉米 55%，麻饼 20%，麸皮 6%，稞麦 10%，黑豆 8%，骨粉 1%。喂量：1 ～ 2 月龄，每只每日为 100 ～ 150 克；2 ～ 3 月龄为 200 克；3 ～ 4 月龄为 250 克。进入育肥后期，精料补饲量还要增加，依据粗饲料条件，每日每只补饲 250 ～ 600 克不等。补饲在早晚进行，定时定量。

3. 影响羊肥育的因素

（1）品种

品种因素是影响羊肥育的内在遗传因素。充分利用国外培育的专门化肉羊品种，是追求母羊性成熟早、全年发情、产羔率高、泌乳力强，以及羔羊生长发育快、成熟早、饲料报酬高、肉用性能好等理想目标的捷径。

（2）品种间的杂交

品种间的杂种优势大小直接影响羊的育肥效果，利用杂种优势生产羔羊肉在国外羊肉生产国普遍采用。他们把高繁殖率与优良肉用品质结合，采用 3 个或 4 个品种杂交，保持高度的杂种优势。据测定，2 个品种杂交的羔羊肉产量比纯种亲本提高约 12%，在杂交中每增加 1 个品种，产肉量能够提高 8% ～ 20%。

（3）肥育羊的年龄

年龄因素对育肥效果的影响很大。年龄越小，生长发育速度越快，育肥效果越好。羔羊在生后最初几个月内，生长快、饲料报酬高、周转快、成本低、收益大。同时，由于肥羔具有瘦肉多、脂肪少、鲜嫩多汁、易消化、膻味少等优点，深受市场欢迎。

（4）日粮的营养水平

同一品种在不同的营养条件下，育肥增重效果差异很大。

（二）肉羊肥育技术

1. 育肥前的准备工作

（1）肥育羊群的组织

根据育肥羊的来源，一般应按品种（或类别）、性别、年龄、体重及育肥方法等分别组织好羊群。羊群的大小，视采用的育肥方法而定，如采用放牧肥育方法，羊群定额的大小，应根据草场类别如天然草场、改良草场或人工草场，草场大小，季节，草生状况，牧工管理水平等因素决定。

（2）去势

去势后的绵羊，性情温顺，便于管理，容易育肥，同时还可减少膻味，提高羊肉品质。凡供育肥的羔羊，一般在出生后 2 ～ 3 周龄去势。但是，必须指出，国内外许多育肥羊的单位，对育肥公羔不予去势，其增重效果比去势的同龄公羔快，而且膻味与去势的羔羊无多大差别，故不少饲养单位对供育肥用的公羔不主张去势。

（3）驱虫

为了提高肉羊的增重效果，加速饲草料的有效转化，便于对育肥羊群的管理，在进入育肥期前，应对参加育肥的羊进行至少1次体内外寄生虫的驱虫工作。现在，驱虫药物很多，应当选用低毒、高效、经济的药物为主。驱虫时间、驱虫药物用量、排虫地点及有关注意事项，均应按事先制订的计划和在兽医师指导下进行。

（4）消毒

对育肥羊舍及其设备进行清洁消毒，在羊进入圈舍育肥前，用3%～5%的火碱水或10%～20%的石灰乳溶液或其他消毒药品，对圈舍及各种用具、设备进行彻底消毒。

（5）贮备充分的饲草饲料

确保整个育肥期不断草料。

2. 育肥方式

（1）放牧育肥

利用天然草场、人工草场或秋茬地放牧，是肉羊抓膘的一种育肥方式。

大羊包括淘汰的公、母种羊，两年未孕不宜繁殖的空怀母羊和有乳腺炎的母羊，因其活重的增加主要决定于脂肪组织，故适合在禾本科牧草较多的草场放牧。羔羊主要指断奶后的非后备公羔羊。因其增重主要靠蛋白质的增加，故适宜在以豆科牧草为主的草场放牧。成年羊放牧肥育时，日采食量可达7～8千克，平均日增重100～200克。育肥期羯羊群可在夏场结束；淘汰母羊群在秋场结束；中下等羊群和当年羔羊在放牧后，适当抓膘补饲达到上市标准后结束。

（2）舍饲育肥

按饲养标准配置日粮，是肥育期较短的一种育肥方式，舍饲肥育效果好，肥育期短，能提前上市，适于饲草料资源丰富的农区。

羔羊包括各个时期的羔羊，是舍饲育肥羊的主体。大羊主要来源于放牧育肥的羊群，一般是认定能尽快达到上市体重的羊。舍饲肥育的精饲料可以占到日粮的45%～60%，随着精饲料比例的增高，羊育肥强度加大，故要注意预防过食精饲料引起的肠毒血症和钙、磷比例失调引起的尿结石症等。料型以颗粒料的饲喂效果较好。圈舍要保持干燥、通风、安静和卫生。育肥期不宜过长，达到上市要求即可出售。

（3）混合育肥

放牧与舍饲相结合的育肥方式。它既能充分利用生长季节的牧草，又可取得一定的强化育肥效果。放牧羊是否转入舍饲育肥主要视其膘情和屠宰重而定。根据牧草生长状况和羊采食情况，采取分批舍饲与上市的方法，效果较好。

3. 育肥计划

（1）进度与强度

绵羊羔育肥时，一般细毛羔羊在 8 ～ 8.5 月龄结束，半细毛羔羊 7 ～ 7.5 月龄结束，肉用羔羊 6 ～ 7 月龄结束。若采用强化育肥，育肥期短，且能获得较高的增重效果；若采用放牧育肥，需延长饲养期，生产成本较低。

（2）日粮配合

日粮中饲料应就地取材，同时搭配上要多样化，精饲料和粗饲料比例以 45% 和 55% 为宜。能量饲料是决定日粮成本的主要饲料，配制日粮时应先计算粗饲料的能量水平满足日粮能量的程度，不足部分再由精饲料补充调整；日粮中蛋白质不足时，要首先考虑饼、粕类植物性高蛋白质饲料。

肉羊育肥期间，每只每天需料量取决于羊个体状况和饲料种类。如淘汰母羊每天需干草 1.2 ～ 1.8 千克、青贮玉米 3.2 ～ 4.1 千克、谷类饲料 0.34 千克；而体重 14 ～ 50 千克的当年羔羊日需量则分别为 0.7 ～ 1.0 千克、1.8 ～ 2.7 千克和 0.45 ～ 1.4 千克，但在以补饲为主时，精饲料的每日供给量一般是：山羊羔 0.2 ～ 0.25 千克，绵羊羔 0.5 ～ 1 千克。

育肥羊的饲料可以草、料分开，也可精、粗饲料混合后喂给。精、粗饲料混合而成的日粮，因品质一致，羊不易挑拣，故饲喂效果较好，这种日粮可以做成粉粒状或颗粒状。

粗饲料（如干草、秸秆等）不宜超过 30%，并要适当粉碎，粒径 1 ～ 1.5 厘米。粉粒饲料饲喂应适当拌湿喂羊。粗饲料比例一般羔羊不超过 20%，其他羊可加到 60%。羔羊饲料的颗粒直径 1 ～ 1.3 厘米，成年羊 1.8 ～ 2.0 厘米。羊采食颗粒料育肥，日增重可提高 25%，也能减少饲料浪费，但易出现反刍次数减少而吃垫草或啃木头等，使胃壁增厚，但不影响育肥效果。

（3）待育肥羊管理

收购来的肉羊当天不宜饲喂，只给予饮水和喂给少量干草，并让其安静休息。之后按瘦弱状况、体格大小、体重等分组、称重、驱虫和注射疫苗。育肥开始后，要注意针对各组羊的体况、健康状况和育肥要求，调整日粮和饲养方法。最初 2 ～ 3 周，要勤观察羊的表现，及时挑出伤、病、弱的羊，先检查有无肺炎和消化道疾病，并改善环境和注意预防。

（4）羔羊隔栏补饲

在母羊活动集中的地方设置羔羊补饲栏，为羔羊补料，目的在于加快羔羊生长速度，缩小单、双羔羊及出生稍晚羔羊的大小差异，为以后提高育肥效果（尤其是缩短育肥期）打好基础，同时也减少羔羊对母羊索奶的频率，使母羊泌乳高峰期保持较长时间。

需要隔栏补饲的羔羊包括：计划 2 月龄提前断奶的羔羊、计划 2 年 3 产母羊群的羔羊、秋季和冬季出生的羔羊、纯种母羊的羔羊、多胎母羊的羔羊、产羔期后出生的羔羊。

规模较大的羊群一般在羔羊 2.5 周龄至 3 周龄开始补料。如产羔期持续较长，羔羊出生不集中，可以按羔羊大小分批进行。规模较小的羊群可选在发现羔羊有舔饲料动作时开始，最早的可以提前到羔羊 10 日龄时。

羔羊补饲的粗饲料以苜蓿干草或优质青干草为好，用草架让羔羊自由采食；1 月龄前的羔羊补喂的玉米以大碎粒为宜，此后则以整粒玉米为好，应在料槽内饲喂。要注意根据季节调整粗饲料和精饲料的饲喂量。早春羔羊补饲时间在青草萌发前，干草要以苜蓿为主，同时混合精饲料以玉米为主；而晚春羔羊补饲时间在青草盛期，可不喂干草，但混合精饲料中除玉米以外，要加适量的豆饼，以保持日粮蛋白质水平不低于 15%。在不具备饲料加工条件的地区，可以采用玉米 60%、燕麦 20%、麸皮 10%、豆饼 10% 的配方。每 10 千克混合料中加金霉素或土霉素 0.4 克，骨粉少量。

在具备饲料加工条件的地区，可以采用玉米 20%、燕麦 20%、豆饼 10%、骨粉 10%、麸皮 10%、糖蜜 30% 的配方。每 10 千克精饲料加入金霉素或土霉素 0.4 克。把以上原料按比例混合制成颗粒料，直径以 0.4 ~ 0.6 厘米为宜。隔栏面积按每只羔羊 0.15 平方米计算；进出口宽约 20 厘米，高度 38 ~ 46 厘米，以不挤压羔羊为宜。对隔栏进行清洁与消毒。开始补饲时，白天在饲槽内放些许玉米和豆饼，量少而精。每天不管羔羊是否吃净饲料，都要全部换成新料。

待羔羊学会吃料后，每天再按日进食量投料。一般最初的日进食量为每只 40 ~ 50 克，后期达到 300 ~ 350 克，全期消耗混合料 8 ~ 10 千克。投料时，以每天放料 1 次、羔羊在 30 分钟内吃净为佳。时间可安排在早上或晚上，但要有较好的光线。饲喂中，若发现羔羊对饲料不适应，可以更换饲料种类。

（5）饲喂与饮水

饲喂时避免羊拥挤和争食，尤其要防止弱羊采食不到饲料。一般每天饲喂 2 次，每次投料量以吃净为好。饲料一旦出现湿霉或变质时不要饲喂。饲料变换时，精饲料变换应在 3 ~ 5 天换完；粗饲料换成精饲料，应以精饲料先少后多、逐渐增加的方法，在 10 天左右换完。

羊饮水要干净卫生。每只羊每天的饮水量随气温变化而变化，通常在气温 12℃时为 1.0 千克，15 ~ 20℃时为 1.2 千克，20℃以上时为 1.5 千克。饮用水夏季要防晒，冬季要防冻，雪水或冰水应禁止饮用。

五、乳用山羊的饲养管理

（一）乳用山羊的产奶性能

奶山羊一般每年产奶 10 个月，干奶 2 个月，第三胎的泌乳量可达最高峰。但是培育特好或配种较晚的母羊，第一胎产奶量就比较高，第二胎可达最高峰。在一个泌乳期，因泌乳初期催乳素等作用强烈，加之体内营养物质贮积甚丰，代谢旺盛，泌乳量继续不断上升，一般到第 40 ~ 70 天达到泌乳最高峰。此后催乳激素的作用和代谢机能变弱，乳量也渐次下降。

再次妊娠后的第二个月，由于妊娠黄体的作用渐强，使催乳素的作用更弱，泌乳量会显著下降。

泌乳能力较高的羊达到高峰的日期较晚，维持在高峰的日数也较长。

乳脂率的升降与泌乳量恰相反。分娩后初乳阶段，乳脂率高达 8% ~ 10%，此后随乳量增加，乳脂率渐减。泌乳量最高时，乳脂率降至最低。到泌乳末期，当泌乳量显著减少的时候，乳脂率会略有升高。在一个泌乳周期，乳脂率的变化甚微，只是在泌乳的开始和结束时有降升。但每日乳脂肪的产量与产乳量呈正相关。

（二）影响产奶量的因素

1. 品种

不同品种的山羊，产奶量不同。萨能奶山羊一般年泌乳量在 800 千克左右，在饲养条件较好的情况下一般平均年产奶量可超过 1 000 千克，有些个体 365 天产奶量可超过 2 000 千克。崂山奶山羊一般年产奶量 497 千克，最高个体可达 1 300 千克。关中奶山羊，在一般饲养条件下，优良个体年产奶量：一产 450 千克，二产 520 千克，三产 600 千克，高产个体在 700 千克以上。

2. 日粮的营养水平

同一品种在不同的营养条件下，产奶量差异很大。日粮中所含营养物质是泌乳的物质基础，如泌乳盛期的高产奶羊，所给日粮的数量可达 10 千克以上，要使它安全吃完这样大量的饲料，必须注意日粮的体积、适口性、消化性。日粮的营养水平要求相当高。据测定，泌乳量与食入消化能呈极显著正相关，$R=0.978$；泌乳量与干物质采食量也呈极显著正相关，$R=0.986$。这表明营养水平与产奶量的关系极为密切。

3. 年龄和胎次

西农萨能羊在 18 月龄配种的情况下，3 ~ 6 岁，即第 2 ~ 5 胎产奶量较高，第 2 ~ 3 胎产奶量最高，6 胎以后产奶量显著下降。

对同一年的 37 只高产羊（奶量在 1 200 千克以上），与 52 只一般羊泌乳胎次统计得出，高产羊平均能利用胎次为 5.78 胎，一般羊为 3.86 胎，差异显著。

4. 个体

同一个品种，不同公、母羊的后代，由于遗传基础不同，产奶量不同。

5. 乳房有关形状对产奶量的影响

乳房容积同产奶量呈显著正相关，$R=0.512$（$P < 0.05$）。西农萨能羊乳房基部周径、乳房后连线、乳房深度、乳房宽度均与产奶量呈显著正相关，其相关系数分别为 0.351、0.373、0.489、0.392。乳房外形评分同产奶量的相关系数 $R=0.634$（$P < 0.01$）。这说明乳房外形越好，评分越高，产奶量越高。

6. 初配年龄与产羔月份

初配年龄取决于个体发育的优劣，而个体发育受饲养管理条件的影响。据测定，给 6 ~ 8 月龄体重 22.71 千克和 14 ~ 16 月龄体重 36.18 千克的母羊配种，其泌乳量分别为 154.77 千克和 448.05 千克，差异明显。

母羊的产羔月份对一个泌乳期产奶量有一定影响。第三胎母羊 1 月产羔的产乳量平均为 1 045.1 千克，2 月产羔的产乳量平均为 1 057.6 千克，3 月产羔的产乳量平均为 1 018.7 千克，4 月产羔的产乳量平均为 927.0 千克。引起这种差异的主要原因是产奶天数、天气和饲料条件的变化。

7. 同窝产羔数

产羔数多的母羊一般产奶量较高，但多羔母羊怀孕期营养消耗多，将会影响产后的泌乳。

8. 挤奶

挤奶的方法、次数对产奶量有明显的影响。擦洗、热敷、按摩、每分钟适宜的挤奶节拍（60 次 / 分左右）和每次将奶挤净等，都可以提高产奶量。据调查，改 1 次挤奶为 2 次挤奶，产奶量可提高 25% ~ 30%，改 2 次挤奶为 3 次挤奶，奶量可提高 15% ~ 20%。

9. 其他

疾病、气候、应激、发情、产羔、挤奶等原因，都会影响产奶量。

（三）提高产奶量的措施

由于产奶量受遗传因素的制约，受环境的影响，所以，要提高产奶量，必须从遗传方面着手，在饲养上下功夫。

1. 加强育种工作，提高品种质量

（1）发展优良品种

对于引进的优良品种，如萨能羊、吐根堡羊等，要集中加强管理，建立品系，提纯复壮，扩大数量，提高质量。

（2）提高我国培育的品种质量

对于我国自己培育的品种，如关中奶山羊、崂山奶山羊等，要建立良种繁育体系，严格选种，合理选配，稳定数量，不断提高质量。

（3）积极改良当地品种

对于低产羊要继续进行级进杂交，积极改良提高。要成立育种组织，落实改良方案，制定鉴定标准，每年鉴定，良种登记。

2. 加强羔羊、青年羊的培育

羔羊和青年羊的培育，是介于遗传和选择之间的一个重要环节，如果培育工作做得不好，优良的遗传基因就得不到显示和发挥，选择也就失去了基础和对象。如果在选择的基础上加强培育，在良好培育的基础上认真选择，坚持数年，羊群质量就会提高。羔羊生长发育最快的时间在75日龄以内，前45天生长最快，随年龄的增长其速度降低，所以羔羊的喂奶量应以30～60日龄为最高。初生重、断奶重与其产奶量呈显著正相关，加强培育，增大体格，保证器官发育，对提高产奶量有重要作用。

3.科学饲养

（1）根据奶山羊生理特点和生活习性饲养

草是奶山羊消化生理必不可少的物质，也是奶山羊营养的重要来源和提高乳脂率的物质基础。青绿饲料、青贮饲料和优质干草，营养丰富，适口性强，易于消化，有利于奶山羊的生长发育、繁殖、泌乳和健康。精饲料过多，瘤胃酸度升高，影响消化。因此，要以草为主饲养奶山羊。

（2）根据不同生理阶段饲养

要根据不同生理阶段、泌乳初期、泌乳盛期、泌乳稳定期、泌乳后期、干奶期的生理特点，合理地饲养。

（3）认真执行饲养标准

认真按照饲养标准进行饲养，保证各类羊的营养需要。采用配合饲料和复合添加剂，保证羊营养全面。

4.科学管理

科学管理，可增进健康，减少疾病。

①认真做好干奶期、产后和泌乳高峰期的管理工作，产后及时催奶。与此同时，按照产奶量增加挤奶次数。适当的挤奶次数、正确的挤奶方法、熟练的挤奶技术对提高产奶量有明显的作用。

②坚持运动，增进健康；经常刷拭，定期修蹄，搞好卫生，减少疾病。

③适时配种，防止空怀，八九月配，翌年一二月产有利于产奶。

④加强疫病防治，保证羊健康。夏季防暑防蚊，冬季防寒防癣。

⑤合理的羊群结构，及时淘汰老、弱、病、残。

（四）乳用山羊的饲养

1.干奶期的饲养

乳用山羊在干奶期的饲养务必加强，尽快恢复体力，使其体内贮积足量的蛋白质、矿物质及维生素，使体况达到相当丰满，以保证下一个泌乳期的丰产，并可以提高下一个泌乳期的乳脂肪产量。但不宜过肥，干奶期过肥的奶羊分娩困难，对胎儿发育和泌乳不利。

一般情况下应按每天产奶1.0～1.5千克的饲养标准喂饲，如给优质嫩干草1千克、青贮饲料2千克、精饲料0.25～0.3千克。

2.泌乳初期的饲养

由于母羊分娩体弱及护子等特殊情况，此时的饲养需要特别细致，必须根据具体情况分别对待。一般的饲养原则是：以优质嫩干草为主要饲料，让其尽量采食。然后视体况之肥瘦、乳房膨胀程度、食欲表现、粪便的形状和气味，灵活地掌握精饲料和多汁饲料的喂量。如体况较肥、乳房膨大过甚、消化不良者，切忌过快增加精饲料，如体况消瘦、消化力弱、食欲不振、乳房膨胀不够者，应少量喂给多淀粉的薯类饲料，以增进其体力，有利于增加产奶量。产后如对于催奶措施操之过急，大量增加难以消化的精饲料，易伤及肠胃，形成食滞或慢性肠胃疾患，影响本胎次的产奶量，重者可以伤害终生的消化力。如干奶期间体况良好，可较缓慢地增加精饲料，既不至于亏损奶羊，也不至于妨碍奶量增加，且可保证食欲和消化力的旺盛。10 天或 15 天以后，再按饲养标准喂给应有的日粮。

3. 泌乳盛期和泌乳后期的饲养

高产奶羊达到最高日产量的日期较晚，一般在产后第 40 ~ 70 天，有的奶羊为30 ~ 45 天。在产奶量不断上升阶段，体内储蓄的各种养分不断付出，体重也不断减轻。在此时期，饲养条件对于泌乳机能最为敏感，应该尽量利用最优越的饲料条件，配给最好的日粮。为了满足日粮中干物质的需要量，除仍要喂给相当于奶羊体重 1% ~ 1.5% 的优质干草外，应该尽量多喂给青草、青贮饲料和部分块根块茎类饲料。若可消化养分或可消化蛋白质不足，再用混合精饲料补饲，并按标准要多给一些产奶饲料，以刺激泌乳机能尽量发挥。同时，要注意日粮的适口性，并从各方面促进其消化力，如进行适当运动，增加采食次数，改善饲喂方法等。只要在此时期生理上不受挫折，由于饲喂得法产奶量，顺利地增加上去，便可以大大地提高这个泌乳期的产奶量。

精饲料的供给量因所给干草和多汁饲料的品质和数量不同而变化极大。从每产奶 1 千克给精饲料 180 克到 450 克不等。青粗饲料品质低劣，而精饲料比例太大的日粮，泌乳所需的各种营养物质也难得平衡，容易使羊肥胖，难以发挥其最大产奶力。

过分强调丰富饲养，长期使羊过食或过多地利用蛋白质饲料，不仅会引起消化障碍，奶量降低，还会损伤机体，缩短奶羊的利用年限。奶量上升停止后，可将超标准的饲料减去。在奶量稳定期，应尽量避免饲料、饲养方法以及工作日程的变动，尽一切可能使高产奶量稳定地保持较长时期。产奶量一旦下降，再回升就很困难。

当产奶量下降的时候，应视营养情况逐渐减少精饲料。如精饲料减之过急，会加速产奶量的降低。反之，日粮长期超过泌乳所需的数量，则奶羊可能很快变肥，也会造成产奶量降低。酌情处理这个问题时，一方面应控制体重增加不要太快，另一方面控制产奶量缓慢下降，如此，既可增加本胎次的产奶量，也可以保证胎儿的发育并为下胎泌乳贮积体力。

（五）山羊的管理

1. 羔羊护理

产羔前应准备好接羔用棚舍，要求宽敞、明亮、保温、干燥、空气新鲜。产羔棚舍内的墙壁、地面以及饲草架、饲槽、分娩栏、运动场等，在产羔开始前 3 ~ 5 天要彻底清扫和消毒。母羊临产前，表现乳房肿大，乳头直立；阴门肿胀潮红，有时流出浓稠黏液；行动困难，排尿次数增多；起卧不安，不时回顾腹部。在母羊产羔过程中，一般不应干扰，让其自行娩出。对初产母羊因骨盆和阴道较为狭小，或双胎母羊在分娩第二只羔羊时需要助产。当羔羊嘴露出后，用一只手推动母羊会阴部；羔羊头部露出后，再用一手托住头部，另一手握住前肢，随母羊的努力向后下方拉出胎儿。

羔羊产出后，首先把其口腔、鼻腔里的黏液掏干净，以免因呼吸困难、吞咽羊水而引起窒息或异物性肺炎。羔羊身上的黏液应及早让母羊舔干，既可促进新生羔羊的血液循环，又有助于母羊认羔。如果母羊不舔羔或天气寒冷时，可用柔软干草迅速把羔羊擦干，以免受凉。羔羊出生后，一般情况下都是由自己扯断脐带。在人工助产下娩出的羔羊，可由助产者剪断脐带，断前可用手把脐带中的血向羔羊脐部捋几下，然后在离羔羊肚皮3～4厘米处剪断并用碘酒消毒。羔羊出生后，应使其尽快吃上初乳，瘦弱的羔羊或初产母羊，或母性差的母羊，需要人工辅助哺乳。哺乳方法是先把母羊固定住，将羔羊放到乳房前，找好乳头，让羔羊吃奶，反复几次，羔羊即可自行吮乳。若母羊营养不良或有病或一胎多羔奶水不足时，应找保姆羊代乳。

2. 去角

有角的乳山羊给管理造成不便，特别是羊进入采食的颈枷时。因此，羔羊生后1～2周（即羔羊转入人工哺乳群）时进行去角。去角时，一人抱住羔羊，并将头部固定，然后用弯刃剪刀，将长角部位的毛剪去，用手摸感到一较硬的凸起，即是角的生长点，在生长点周围剪毛的部位，涂以凡士林，保护健康的皮肤，然后用棒状苛性钠（钾）一根（手握部分用纸包好，一端露出小部分），沾水在凸起部分反复摩擦，直到微出血为止，但不可过度，出血过多会留下一凹坑。摩擦应全面，磨不到处（或不彻底处）以后会长出片状短角。

去角后不让羔羊到母羊跟前吃奶，以防药物涂到母羊身上伤害其皮肤。

3. 修蹄

长期舍饲的山羊，蹄子磨损少，但蹄子仍然不断地增长，造成行走不便，采食困难，奶量下降，严重者引起蹄病或蹄变形。

修蹄一般在雨后进行，这时蹄质软，易修剪。修蹄时将羊卧在地上，人站在羊背后，使羊半躺在人的两腿中间，将羊的后腿跷起使羊挣扎不起来。大公羊修蹄时，需要两人将羊按倒在地上整修。修蹄时从前肢开始，先用果树剪将生长过长的角尖剪掉，然后用利刀将蹄底的边沿修整到和蹄底一样平齐。修到蹄底可见淡红色的血管为止，千万不要修剪过度。如果修剪过度造成出血，可涂上碘酒消炎。若出血不止，可将烙铁烧到微红色，很快将蹄底烧烙一下。动作要快，以免造成烫伤。

4. 抓绒

山羊每年春季要进行抓绒和剪毛。具体抓绒日期应根据当地天气条件而定，当春暖时，绒毛就开始脱落，绒毛脱落的顺序是从头部开始逐步移向颈、肩、胸、背、腰和股部。当发现山羊的头部、耳根及眼圈周围的绒毛开始脱落时，就是开始抓绒的时间，抓绒 1 ~ 2 次，抓完绒毛以后约 1 周进行剪毛。

抓绒时先将羊卧倒，用绳子将两前腿及一后腿捆在一起，以免羊挣扎时将腿上的皮磨破。

抓绒开始先用稀梳顺毛的方向由颈、肩、胸、背、腰及股各部由上而下将沾在羊身上的碎草及粪块轻轻梳掉。然后用密梳逆毛而梳，其顺序是由股、腰、背、胸及肩部。抓子要贴近皮肤，用力要均匀，不可用力过猛以免抓破皮肤。梳齿油腻后，抓不下绒来，可将梳齿在土地上摩擦去油，然后再用。

5. 挤奶方法

为了便于挤奶和保持乳汁的清洁，挤奶前应将乳房及其周围的毛剪去，挤奶员应经常剪指甲并磨秃，用亲切、安静、和善的态度对待羊，每次挤奶时应按以下顺序进行：引导羊站在挤奶台上，在小食槽内添加饲料，诱其安静采食。习惯了的羊，每到时间会自动依次跳上挤奶台。

挤奶前用毛巾沾以热水（约 50℃）擦乳房及乳头附近，再换干毛巾将乳房、乳头擦干，然后对乳房进行按摩。按摩时，先左右对揉，再由上而下，动作要柔和，不可给以强烈的刺激，每次揉三四回即可。

按摩后即开始挤奶，挤奶的手法有两种。一种是滑挤法，即手指捏住乳头从上往下滑动挤出乳汁；另一种是压挤法（又叫拳握法），即先用拇指及食指捏紧乳头上部，防止乳汁倒流，然后其他三个手指由上到下，依次合拢挤出乳汁。挤奶时手的位置不动，只有手指的开合动作。动作要确实、敏捷、轻巧，两手握力均匀，速度一致，方向对称。否则，可因挤奶不善造成乳房的畸形。一般认为压挤法比滑挤法要好。挤奶结束前，可仿照羔羊吃奶时用头或嘴碰撞乳房的动作，向上撞击乳房，能促进奶的排出。挤奶时最先挤出的几滴奶舍弃。每次挤奶要求挤出最后一滴为止，如不挤尽，将影响泌奶量，况且最后挤出的奶，含脂率较高。

挤奶结束后应进行登记，然后将乳汁用三层纱布过滤后装入装奶桶，并打扫挤奶室。挤出的奶消毒后方可保存或送出。鲜奶要避免和怪味接触，因为鲜奶最易吸收气体。

第二节 肉牛饲养管理技术

一、牛的消化道结构

牛是反刍动物，消化系统主要由口腔、食道、胃、小肠、大肠、肛门和唾液腺、肝脏、胰腺、胆囊及肾脏等附属消化腺及器官组成。

（一）口腔

牛口腔中的唇、齿和舌是主要的摄食器官。牛舌长而灵活，舌面粗糙，适于卷食草料，并配合切齿和齿板的咬合动作完成采食过程。当采食鲜嫩的青草或小颗粒饲料（如谷物、颗粒饲料等）时唇是重要的摄食器官。奶牛有腮腺、颌下腺、臼齿腺、舌下腺、颊腺等 5 个成对的唾液腺以及腭腺、咽腺和唇腺等 3 个单一腺体。唾液对牛消化有着特殊重要的生理作用。

（二）食道

食道是从咽部至瘤胃之间的管道，成年牛长约 1 米。草料与唾液在口腔内混合后通过食道进入瘤胃，瘤胃食糜又有规律地通过逆呕经食道回到口腔，经细嚼后再行咽下（此过程叫反刍）。

（三）复胃

牛有 4 个胃室：瘤胃、网胃、瓣胃和皱胃。其中，瘤、网、瓣 3 个胃组成前胃。皱胃由于有胃腺，能分泌消化液，故又称之为真胃。犊牛时期，其消化特点与杂食动物及肉食动物相似，皱胃起主要作用。随着月龄的增长，牛对植物性饲料的采食量逐渐增加，瘤胃和网胃很快发育，而真胃容积相对变小，到 6 ~ 9 月龄时，初步具备成年牛的消化能力。

1. 瘤胃

牛的胃容积很大，成年牛胃总容积为 151 ~ 227 升，其中瘤胃容积最大，可容纳 100 ~ 120 千克的饲料，占据整个腹部左半侧和右侧下半部。瘤胃是微生物发酵饲料的主要场所，有"发酵罐"之称，在柱状肌肉强有力的收缩与松弛作用下，瘤胃进行节律性蠕动。食入的纤维类饲料通常在瘤胃滞留 20 ~ 48 小时。瘤胃黏膜上有许多乳头状突起，尤其是背囊部"黏膜乳头"特别发达，其有助于营养物质的吸收。

2. 网胃

网胃位于膈顶后方，由网—瘤胃褶将其与瘤胃隔开。瘤胃与网胃的内容物可自由混杂，功能相似，因而瘤胃与网胃亦合称为瘤网胃。同时，网胃还控制食糜颗粒流出瘤胃，只有当食糜颗粒小于 1 ~ 2 毫米，且密度大于 1.2 克 / 毫升时，才能流入瓣胃。

3. 瓣胃

瓣胃呈圆形，其体积大约为 10 升。瓣胃是一个连接瘤网胃与皱胃的过滤器官，其胃黏膜形成 100 多片瓣叶。其功能是磨碎较大的食糜颗粒。进一步发酵纤维素，吸收有机酸、水分及部分矿物质。

4. 皱胃

皱胃分为胃底和幽门两部。胃底腺分泌盐酸、胃蛋白酶及凝乳酶，幽门腺分泌黏液及少量胃蛋白酶原。同时，皱胃黏膜折叠成许多纵向皱褶，有助于防止皱胃内容物流回瓣胃。

（四）肠道

包括小肠、大肠、盲肠及直肠。牛小肠特别发达，成年牛小肠长约35～40米，盲肠0.75米，结肠10～11米。

小肠是营养物质消化吸收的主要器官。胰腺分泌的胰液由导管进入十二指肠，其中含有的膜蛋白分解酶、膜脂肪酶和膜淀粉酶分解食物中的蛋白质、脂肪和糖，分解产物经小肠黏膜的上皮细胞吸收进入血液或淋巴系统。

二、消化生理现象

（一）反刍

反刍俗称倒嚼。牛在摄食时，饲料一般不经充分咀嚼就匆匆吞咽入瘤胃。休息时，在瘤胃中经过浸泡的食团刺激瘤胃前庭和食管沟的感受器，兴奋传至中枢，引起食道逆蠕动，食团通过逆呕返送到口腔，经再咀嚼，混入唾液，再吞咽，这一生理过程称反刍。牛大约在3周龄时出现反刍。

反刍频率和反刍时间与牛的年龄及饲料物理性质有关。后备牛日反刍次数高于成年牛，采食粗劣牧草比幼嫩多汁饲料的反刍时间长，采食精料类型日粮的反刍时间短、次数少。同时，许多因素会干扰或影响牛的反刍，如处于发情期的牛，反刍几乎消失，但不完全停止；任何引起疼痛的因素、饥饿、母性忧虑或疾病都能影响反刍活动。

（二）嗳气

牛所食的营养物质在瘤胃微生物的发酵过程中，每昼夜可产生600～1 300升的气体，其中50%～70%为二氧化碳，20%～45%为甲烷。此外，还有少量的氨气和硫化氢等。日粮组成、饲喂时间及饲料加工调制等均会影响气体的产生和组成。

通常瘤胃内游离的气体，处在背囊食糜的顶部，当瘤胃气体增多时，胃内压力升高，兴奋了瘤胃贲门区的牵张感受器及嗳气中枢，瘤胃由后向前收缩，压迫气体移向瘤胃前庭，部分气体由食管进入口腔排出，这一过程称为嗳气。在反刍过程中常伴随着嗳气。所以一旦牛停止反刍，则会导致瘤胃膨胀。当牛采食大量幼嫩或带有露水的豆科牧草和富含淀粉的根茎类饲料时，瘤胃发酵作用急剧上升，所产气体来不及排出时，就会出现瘤胃膨胀。

三、瘤胃微生物及其营养作用

牛所采食的饲料中有75%～80%的干物质，50%以上的粗纤维是靠瘤胃微生物发酵分解的。瘤胃内寄居的微生物主要有细菌、原虫和真菌三大类。饲料碳水化合物以及含氮物质的降解主要由细菌和原虫来完成，而在纤维性碳水化合物降解过程中，瘤胃厌氧真菌可能起重要作用。

（一）微生物种类

1.细菌

瘤胃寄居的细菌不仅数量大，而且种类多，超过 300 种。根据所利用底物或产生代谢产物的类型可分为纤维素分解菌、半纤维素分解菌、果胶分解菌、淀粉分解菌、糖利用菌、酸利用菌、蛋白质分解菌、氨产生菌、甲烷产生菌、脂类分解菌和维生素合成菌等。

其中，纤维素分解菌数量最大，大约占瘤网胃内活菌的 1/4。

2.纤毛虫

瘤胃的纤毛虫分全毛和贫毛两类，均属严格厌氧类。全毛虫主要分解淀粉等糖类产生的乳酸和少量挥发性脂肪酸，并合成支链淀粉储存于其体内；贫毛虫有的也是以分解淀粉为主，有的能发酵果胶、半纤维素和纤维素。纤毛虫还具有水解脂类、氢化不饱和脂肪酸、降解蛋白质及吞噬细菌的能力。

瘤胃内纤毛虫的数量和种类明显受饲料的影响。当饲喂富含淀粉的日粮时，全毛虫和其他利用淀粉的纤毛虫如内毛虫属较多；而当饲喂富含纤维素的日粮时，则双毛虫明显增加；瘤胃 pH 值也是一个重要影响因素，当 pH 值降至 5.5 或更低时，纤毛虫的活力降低，数量减少或完全消失。此外，日粮饲喂次数增加，则纤毛虫数量亦多。

3.厌氧真菌

厌氧真菌约占瘤胃微生物总量的 8%。瘤胃真菌含有纤维素酶、木聚糖酶、糖苷酶、半乳糖醛酸酶和蛋白酶等，对纤维素有强大的分解能力。喂含硫量丰富的饲草时，真菌的数量增加，消化率提高。

（二）瘤胃微生物的营养作用

瘤胃微生物将植物性饲料分解成挥发性脂肪酸作为牛的能量来源，而在发酵过程合成的微生物蛋白则进入肠道消化吸收，作为牛的蛋白质来源。牛可以利用较低质的纤维性饲料维持生命活动。此外，瘤胃微生物还能合成维生素 B 族和维生素 K，以及氢化不饱和脂肪酸等。

四、肉牛的生长规律

肉用牛的产品主要是肉及副产品，因此需要了解其生长规律，充分利用生长特点，以生产数量多、品质好的产品。

（一）生长发育阶段的体重增长规律

一般采用初生重、断奶体重、周岁体重、平均日增重等指标。

增重受遗传和饲养两方面的影响，增重受遗传力的影响很强，据估计断奶后增重速度的遗传力约 50% ~ 60%，是选种的重要指标；其次是营养，平衡的营养可发挥最大的生产潜力。在满足营养需要的前提条件下，牛的体重按如下典型特点增长：在充分饲养条件下，12 月龄以前的体重增长很快，以后明显变慢。因此，在生产实践中应注意：

在牛强烈生长期（12 月龄前）应充分饲养，以发挥增重效益。

在 12 月龄以前屠宰是利用牛一生中最大的增重效益，即在体重达到体成熟即行屠宰。牛胎儿各部分的生长规律是：维持生命的重要器官如头、内脏、四肢等发育较早，增长较快，脂肪、肌肉等组织发育较晚。因此，初生牛做肉用是很不经济的。

（二）补偿生长规律

补偿生长的概念：动物在生长的某个阶段由于饲料不足而使生长速度下降，但在恢复高营养水平时，其生长速度比正常饲养时还要快，经过一个时期饲养后仍能恢复到正常体重的这种特性，称补偿生长。

补偿生长的特点：①饲养不足并不是在任何情况下都可以补偿，生命早期（0 ~ 3 月龄）若严重受阻则在 4 ~ 9 月龄难以补偿；②贫乏饲养的时间越长越难补偿；③补偿生长期间必须增加饲料进食量；④补偿生长能力与补偿期间进食饲料的质和量有关；⑤补偿生长虽然能在短时间达到要求的体重，但畜体组织会受到一定的影响，即影响肉品质。

五、饲养技术

1. 准备好充足的饲草料。一般按成年牛肥育的 80 天计，每头牛准备麦秸 400 多千克，配合精料 200 多千克，有条件的地方可储备青干草与青贮饲料。

2. 做好饲草料的加工调制。麦秸喂前最好铡短碱化或氨化，玉米秆应先青贮后饲喂，青干草晾干后及时保存在草棚内或堆垛，防止雨淋暴晒。各类饲草料喂前除去尘土、铁丝、碎石等。

3. 注意饲喂及饮水。一天喂 2 次为好，早晚各一次，使牛有充分的反刍和休息时间。饲喂顺序一般是先粗后精，先干后湿，少喂勤添。草拌料时，冬季拌干，夏季拌湿，不喂霉烂变质的饲料，每天饮水 2 ~ 3 次，夏天饮水 3 ~ 4 次。

4. 棚圈要向阳、干燥、通风。

5. 保持圈舍、用具清洁卫生。

6. 限制运动量。在真正育肥的时期，前 20 天应多饮水，勤给草，少添料，以适应催肥。随着育肥日期的增加，粗料由多到少，精料由少逐渐增多。到了育肥中期，一般需要45 ~ 50天，应科学搭配日粮，精料由少到多，每千克体重总共应喂到1.5 ~ 2千克，尽量满足增重时的营养需要，设法使牛多吃多休息，以利长膘。到了育肥后期，牛不大喜欢吃草，也不喜欢运动，但日增重最快，应经常刷拭，适当增加精饲料喂量和食盐给量。

六、影响肉牛生产性能的因素

（一）品种和类型

不同品种类型的牛产肉性能差异很大，这是影响育肥效果的重要因素之一。肉用牛比肉乳兼用牛、乳用牛和役用牛能较快地结束生长，因而能早期进行育肥，提前出栏，节约饲料，并能获得较高的屠宰率和产肉率，肉的质量也较好，容易形成大理石花纹，因而肉味优美，质量高。

（二）体形结构

同一品种或类型中不同的体形结构其产肉性能不同。

（三）年龄

年龄不同，屠宰品质不同，增重速度也不同，生后第一年内器官和组织生长最快，以后速度减慢，而第二年的增重为第一年的70%，第三年为第二年的50%，因此肉牛以1.7 ~ 2岁屠宰为最好。

（四）性别

性别对体形和结构、肉的品质、体肥度都有很大影响。公牛增重速度最快，肉牛次之，母牛最慢。

（五）饲养水平和饲养状况

饲养水平和饲养状况是提高产肉量和肉品质的最主要因素，正确地进行饲养，组织安排放牧育肥和舍饲育肥是肉牛生产的决定性环节。

（六）环境条件

良好的环境条件和肥沃的土地可以生产丰富优质牧草，同时可减少牛的维持需要，从而提高牛的产肉性能，提高肉品质。

（七）杂交

杂交可以提高生活力和环境适应性，可以促进生长发育、提高产肉性能等。

（八）育肥程度

育肥程度也是影响牛肉产量和质量的主要因素。只有外表育肥程度好的牛，才是体重大、售价高、肉产量高和质量好的牛。

七、肉牛育肥

（一）育肥牛的选择

1.品种

选择西门塔尔、夏洛莱、安格斯、利木赞、德国黄牛等国外引进品种与本地牛的杂交一代公牛做育肥牛。这类牛性情温顺、耐粗饲、育肥快、抗病力强、屠宰率高、饲料报酬高。淘汰的耕牛也可育肥做肉牛。

我国肉用牛主要指普通牛及其改良牛，其中包括黄牛、牦牛及其他杂种牛。

根据各地生产经验，西门塔尔牛改良我国地方黄牛品种，产奶产肉效果都好；应用安格斯牛改良，能提高早熟性和牛肉品质；安格斯牛是生产优质高档牛肉的首选品种；利木赞牛可使杂交牛肉的大理石花纹明显改善；夏洛莱牛的杂交后代生长速度快，肉质好。

2.年龄、体重

年龄在 1 ～ 3 岁，体重以 150 ～ 200 千克的架子牛为宜。

3.健壮、无疾病

选牛时，除了看其外貌是否具有良种肉牛的特性外，还要用手摸摸脊背，若其皮肤松软有弹性，像橡皮筋；或将手插入后裆，一抓一大把，皮多松软，这样的牛上膘快、增肉多。

（二）放牧育肥技术

1.牧前准备

首先对放牧地进行规划并有计划地合理利用，进行划区轮牧。

2.牧群组织

对参与育肥的牛进行编号组群。

3.放牧技术

每个放牧小区最多放牧 5 ～ 6 天，然后换场，每天放牧时间可延长到 12 小时。冬春枯草期，放牧后必须进行补饲。补饲以干草为主，适当补加混合精料。夏季如果草场质量差，放牧期也要补饲，主要以青割牧草或干草为主，每天每头给食盐 40 ~ 50 克，自由舔食或溶于饮水中供给，以盐砖最好。

在高寒草原或山区草场，放牧受季节影响大，因此，放牧育肥与牧区繁育、农区育肥相结合应用较好。地势较低而平坦的草场，可根据季节、草质、水源情况调整好牛群结构，把当年易出栏的牛，抓紧放牧催肥出栏，使冷季留场的牛得到足够的牧草，以保证繁育质量和时间。

（三）育肥目标及方案

1. 育肥目标

架子牛开始育肥平均体重 300 千克，育肥期 12 个月。其中：前期（6 个月）日增重 0.91 千克，期末重达 450 千克以上，淘汰前期增重低或无继续育肥价值的牛；后期（6 个月）日增重 0.7 ~ 0.8 千克，期末重达 580 千克以上，屠宰率 63% 以上，牛肉大理石状标准（我国 6 级标准）达 1 ~ 2 级，体等级达 1 ~ 2 级。

2. 育肥方案

除按饲养标准配合饲粮外，育肥前期（13 ~ 18 月龄）应喂给较多的粗饲料，使牛只肌肉和体脂均匀增长，但不宜过肥而限制后期获得 500 ~ 600 千克的屠宰体重。前期过肥还会引起代谢病。如果在 12 月龄前采取限制饲养，育肥前期也是牛只补偿生长最快的时期，并为后期育肥或生产高档牛肉打好基础。

育肥后期（19 月龄至屠宰）是脂肪向肌肉内均匀沉积、提高肉品质的阶段。要饲喂高能量精料，饲粮组成中还要有一定量大麦（前期、后期分别加入 20%、60% 大麦，对改善肉品质效果最佳），使沉积的脂肪硬度好、呈白色。在育肥后期不要喂青贮料及青草，避免脂肪变蓝影响肉品等级。

八、肉牛分阶段育肥饲养技术

（一）育肥前的准备

1. 牛体消毒

用 0.3% 的过氧乙酸或消毒液逐头进行 1 次喷体消毒。

2. 驱除体外寄生虫

按每千克体重用 20 毫克丙硫苯咪唑配合伊（阿）维菌素饲喂。

3. 疫苗注射

肉牛必须做好牛瘟病疫苗的注射工作，并做好免疫标识的佩戴。有条件的还可以进行牛巴氏杆菌疫苗的注射。

（二）适应期的饲养

从外地引来的架子牛，由于各种条件的改变，要经过 1 个月的适应期。首先让牛安静休息几天，然后饮 1% 的食盐水，喂一些青干草及青鲜饲料。对大便干燥、小便赤黄的牛，用牛黄清火丸调理肠胃。15 天左右进行体内驱虫和疫苗注射，并开始采用秸秆氨化饲料（干草）+ 青饲料 + 混合精料的育肥方式，可取得较好的效果，日粮精料量 0.3 ~ 0.5 千克 / 头，10 ~ 15 天内，增加到 2 千克 / 头。精料配方：玉米 70%、饼粕类 20.5%、麦麸 5%、贝壳粉（或石粉）3%、食盐 1.5%，若有专门添加剂更好。注意，棉籽饼和菜籽饼须经脱毒处理后才能使用。

（三）过渡育肥期的饲养

经过 1 个月的适应，开始向强化催肥期过渡。这一阶段是牛生长发育最旺盛时期，一般为 2 个月。每日喂上述配方精料，开始为 2 千克 / 天，逐渐增加到 3.5 千克 / 天，直到体重达到 350 千克，这时每日喂精料 2.5 ~ 4.5 千克。也可每月称重 1 次，按体重 1% ~ 1.5% 逐渐增加精料。粗、精饲料比例开始可为 3：1，中期 2：1，后期 1：1。每天 6 时和 17 时分 2 次饲喂。投喂时要分次勤添，先喂一半粗饲料，再喂精料，或将精料拌入粗料中投喂，并注意随时拣出饲料中的钉子、塑料等杂物。喂完料后 1 小时，把清洁水放入饲槽中自由饮用。

（四）强化催肥期饲养

经过过渡生长期，牛的骨架基本定型，到了最后强化催肥阶段。日粮以精料为主，按体重的 1.5% ~ 2% 喂料，粗、精比 1：2 ~ 1：3，体重达到 500 千克左右适时出栏，另外，喂干草 2.5 ~ 8 千克 / 天。精料配方：玉米 71.5%、饼粕类 11%、尿素 13%、骨粉 1%、石粉 1.7%、食盐 1%、碳酸氢钠 0.5%、添加剂 0.3%。饼粕饲料的成本很高，可利用尿素替代部分蛋白质饲料。

总之，只有把好肉牛品种筛选关、养殖场选择关，熟练掌握并应用肉牛高效繁殖技术、饲养管理技术、饲草料加工技术、饲料添加剂加工及使用技术、牧草栽培技术、育肥技术、疾病防治等有关方面的关键技术，才能真正做到健康养殖，使肉产品品质高、使用安全，确保与环境友好，消费者身体健康。

第三节 奶牛饲养管理技术

一、犊牛的饲养管理

（一）新生犊牛的护理

1. 清除黏膜

犊牛出生后，应用干净稻草或麻袋擦干小牛，并立即用干净的抹布或毛巾将口鼻部黏液擦净，以利于呼吸。如犊牛出生后不能马上呼吸，可握住犊牛的后肢将犊牛吊挂并拍打胸部，使犊牛吐出黏液。如发生窒息，应及时进行人工呼吸，同时可配合使用刺激呼吸中枢的药物。犊牛被毛要用干草擦干，以免牛受凉，然后将犊牛送入单独饲养栏内，严禁直接在地面上拖拉犊牛。

2. 肚脐消毒

犊牛呼吸正常后，应立即查看肚脐部位是否出血，出血时可用干净棉花止住。将残留的几厘米脐带内的血液挤干后用高浓度碘酒（7%）或其他消毒剂涂抹脐带。出生两天后应检查小牛是否有感染，感染时小牛表现沉郁，脐带区红肿并有触痛。脐带感染可能很快发展成败血症（即血液受细菌感染），常常引起死亡。

3. 小牛登记

小牛的出生资料必须登记并永久保存。新生的小牛应打上永久标记。标记方法有：在颈上套上刻有数字的环、金属或塑料的耳标，盖印，冷冻烙印，拍照。

4. 喂初乳

母牛产后 7 天内所产的奶叫初乳。

（1）初乳的特性

初乳营养丰富，尤其是蛋白质、矿物质和维生素 A 的含量比常乳高。初生牛犊没有免疫力，只有从初乳中得到免疫球蛋白，初乳中免疫球蛋白以未经消化状态透过肠壁被吸收入血后才具有免疫作用。但初生牛犊胃肠道对免疫球蛋白的通透性在出生后很快开始下降，出生后 24 小时，抗体吸收几乎停止。在此期间若不能吃到足够的初乳，对犊牛的健康就会造成严重威胁。因此，犊牛生后应在 1 小时内哺喂初乳。

（2）饲喂方法

人工哺乳包括用桶喂和带乳头的哺乳壶饲喂两种。用桶喂时应将桶固定好，防止撞翻，通常采用一只手持桶，另一只手中指及食指浸入乳中使犊牛吸吮。当犊牛吸吮指头时，慢慢将桶提高使犊牛口紧贴牛乳而吮饮，习惯后则可将指头从口拔出，并放于犊牛鼻镜上，如此反复几次，犊牛便会自行哺饮初乳。用奶壶喂时要求奶嘴光滑牢固，以防犊牛将其拉下或撕破。在奶嘴顶部用剪子剪一个"十"字，这样会使犊牛用力吮吸，避免强灌。

喂量视犊牛个体大小、强弱，每次喂 1 ~ 2.5 千克，每天 3 次。其后的 7 天内（初乳期），每天可按体重的 1/8 ~ 1/10 计算初乳的喂量，每日 3 ~ 4 次。每次即挤即喂，保证奶温，初乳期喂其亲生母牛的奶。初乳哺喂时的温度应保持在 35 ~ 38℃，以防由饲喂温度过低引起犊牛的胃肠机能失常、下痢等。相反，乳温过高，初乳会出现凝固变质，或因过度刺激而发生口炎、胃肠炎，或犊牛拒食初乳。初乳加温应采用隔水加温（或称水浴加温）。犊牛每次哺乳之后 1 ~ 2 天，应饮温开水（35 ~ 38℃）一次。

为了防止犊牛出生后泻痢，可补喂抗生素，每天可将供给时间从出生后的第 3 天，直至出生后 30 天为止。可将 250 毫克金霉素溶于乳中供给。

（二）犊牛的消化特点

刚出生小牛的瘤胃很小，无消化功能，而皱胃却发育良好，皱胃甚至大于瘤胃。随着犊牛的发育成长，这种比例逐渐发生变化，到成年时，瘤胃发育长大，可达到皱胃的 10 倍，而且具有很强的消化功能。一般来说，犊牛在 2.5 ~ 3 月龄时，瘤胃已初步具备了消化功能。犊牛时期瘤胃发育的快慢与犊牛的饲喂方式有直接关系。当给犊牛饮奶时，牛奶不是直接进入瘤胃，而是通过瘤胃中的食管沟直接进入真胃。若食管沟敞开时，咽下的食物就直接进入瘤胃。进入瘤胃的牛奶消化率是很低的，而进入其他的固态饲料则根本不能消化。因此，初生牛犊不能马上吃固态饲料，即便质量再好，也不可饲喂。

（三）犊牛常乳期的饲养管理要点

1. 犊牛出生 5 天后从哺乳初乳转入常乳阶段，牛也从隔栏放入小圈内群饲，每群约 10 ~ 15 只。

2. 哺乳牛的常乳期大约 60 ~ 90 天（包括初乳段），哺乳量一般在 300 ~ 500 千克，日喂奶 2 ~ 3 次，奶量的 2/3 在前 30 天或前 50 天内喂完。而实施早期断奶的犊牛喂奶量在 90 ~ 150 千克，喂奶天数 30 ~ 50 天。

3. 要尽早补饲精粗饲料，犊牛出生后 1 周左右即可训练采食代乳料，开始每天喂奶后，人工向牛嘴及四周填抹极少量代乳料，引导开食，2 周左右开始向草栏内投放优质干草供其自由采食。日采食量在 30 日龄时最高可达 1 千克（高奶量牛也必须达到 500 克以上）。1 个月以后可供给少量块根与青贮饲料。

4. 要供给犊牛充足的饮水，奶中的水不能满足犊牛生理代谢的需要，尤其是早期断奶的犊牛，需要采食干物质量的 6 ~ 7 倍水。除了在喂奶后加必要的饮用水外，还应设水槽供水，早期（1 ~ 2 月龄）要供温水并且水质也要经过测定。

5. 犊牛期应有卫生良好的环境，从犊牛出生起就要有严格的消毒制度和良好的环境。例如，哺乳用具应该每用 1 次就清洗、消毒 1 次。每头牛有一个固定奶嘴和毛巾，每次喂完奶后擦净嘴周围的残留奶等。

犊牛围栏和牛床应定期清洗、消毒，保持干燥。垫料要勤换，隔离间及犊牛舍的通风要好，忌贼风，舍内要干燥忌潮湿，阳光充足（牛舍的采光面积要合理），要注意保温，夏季要有降温设施。牛体要经常擦拭（严防冬春季节体虱、疥癣传播），保持一定时间的日光浴。

6. 犊牛期要有一定的运动量，从 10 ~ 15 日龄起应该有一定面积的活动场地，尤其在 3 个月转入大群饲养后，应有意识地引导犊牛活动，或强行驱赶，如果能放牧更好。

7. 日常饲养中自始至终坚持犊牛每天最多采食精料不超过 2 千克，其他靠吃品质中等以上的粗饲料（以干草为主体）来满足营养需要。

（四）犊牛的断奶

1. 常规断奶

过多的哺乳量和过长的哺乳期，犊牛增重虽然较快，但对犊牛的内脏器官，尤其是对犊牛的消化器官发育不利，而且会增加饲养成本。高喂奶量饲养出的奶牛体形圆肥体胖，但腹围小，采食量少，奶牛产奶量后往往不能高产。所以目前生产中，一般全期哺乳量控制在 250 ~ 350 千克，喂乳期 45 ~ 60 天。

2. 早期断奶

早期断奶犊牛的喂乳期一般为 30 ~ 45 天。对犊牛进行早期断奶培育，是一项投入少、效益高的优选途径。实践证明，人为缩短犊牛喂乳期，既可保证其营养需要，又不影响其生长发育，并能使其在以后生产性能的发挥中带来更理想的效果。

每年上半年出生的犊牛可采用 30 天的喂乳期。下半年出生的犊牛由于受到高温和低温两种环境的不利影响，喂乳期可延长到 50 天。在生产实践中，犊牛的断奶时间可根据犊牛的日增重和进食量来确定，当犊牛日增重达到 500 ~ 600 克、犊牛料进食量高于 500 克时即可断奶。

（五）早期断奶犊牛的饲养管理

实行早期断奶，可强制犊牛早期采食固态饲料（精料、饲草、青贮料等）。这样，可刺激犊牛瘤胃早期发育，锻炼犊牛对饲草饲料的消化能力，提高犊牛的健康水平。早期断奶的犊牛，在断奶后的短时间内，有发育受阻现象，但只要加强饲养，在 6 月龄后，会很快得到补偿。15 月龄时，体重达到 370 千克，对于成年牛的产奶量无不良影响，相反还有提高产奶量的趋势。

犊牛料配方组成：玉米 50%，麸皮 12%，豆饼 30%，饲用酵母粉 5%，石粉 1%，食盐 1%，磷酸氢钙 1%。哺乳期为 30 ~ 60 天龄犊牛料中每千克应添加：维生素 A 8 000 IU、维生素 D 600 IU、维生素 E 60 IU、烟酸 2.6 毫克、泛酸 13 毫克、维生素 B 6.5 毫克、维生素 B_4 6.5 毫克、叶酸 0.5 毫克、生物素 0.1 毫克、维生素 B_1 0.07 毫克、维生素 K 3 毫克、胆碱 2 600 毫克。60 天龄以上犊牛可不添加 B 族维生素，只加维生素 A、维生素 D、维生素 E 即可。

早期断奶应注意的事项：

1. 在哺乳期内应视外界气温变化情况增减非奶常规饲料，调整能量的变化需要。-5℃ 时增加维持能量 18%，-10℃ 时增加 26%。当气温高时也应增加，如 30℃ 时增加 11%。

2. 早期断奶犊牛要供应足够的饮水，此期间犊牛饮水量大约是所食干物质量的 6 ~ 7 倍，春、冬季要饮温水，并适当控制饮水量。

3. 日粮供给时要按料水比 1∶1 与等量干草或 4 ~ 5 倍的青贮料拌匀喂给，最好制成完全混合日粮，直到每头每日采食混合料 2 千克时不再增加，可以喂到 6 月龄。

二、育成牛的饲养管理

从断奶到 4 月龄的犊牛称为育成牛。育成牛阶段饲养管理的好坏直接影响育成母牛的生长发育及其成熟。育成牛的饲养相对比较容易，很少发生疾病，管理人员重点应考虑采用最经济的饲喂方法并获得育成牛理想的发育体重。

（一）断奶至 6 月龄育成牛的饲养

断奶期由于犊牛在生理上和饲养环境上发生很大变化，必须精心管理，以使其尽快适应以精粗饲料为主的饲养管理方式。3 月龄以后的犊牛采食量逐渐增加，应特别注意控制精料饲喂量，每头每日不应超过 2 千克；尽量多喂优质青粗饲料，以更好地促使其向乳用体型发展。

（二）7 ~ 12 月龄育成牛饲养

7 ~ 12 月龄是育成牛发育最快的时期，这个阶段的年轻小母牛每组可有 10 ~ 20 头，一组内小母牛体重的最大差别不应超过 70 ~ 90 千克。应当仔细记录采食量及生长率，因为这一时期增重过高可能会影响将来的产奶能力，与之相反，增重不足将延误青春期、配种以及第一次产犊。监测年轻小母牛体高、体重及体膘分数有助于评价这一时期的饲喂措施。

（三）13 ~ 17 月龄育成牛饲养

13 个月以上年轻小母牛的瘤胃已具有充分的功能，这一年龄段的年轻奶牛主要根据便于发情鉴定及配种来分组，奶牛体重的最大变化不应超过 130 千克。

此阶段只喂给高质量粗饲料也可满足正常的生长需要。实际上，高能量的粗饲料如下米青贮应限量饲喂，因为这些年轻小母牛可能会因采食过量而引起肥胖。玉米青贮和豆科植物或生长良好的牧草混合饲料可为奶牛提供足够的能量和蛋白质，精饲料应主要作为补充低质粗饲料的日粮配方成分。

（四）17月龄~初产育成牛饲养

必须记录这一时期年轻奶牛的采食情况和生长速率，以便在分娩时获得理想的体高、体重和体膘。母牛分娩前1~2个月应调整饲喂计划从而为年轻奶牛分娩及第一次泌乳做准备，喂给这些年轻奶牛的饲料中应逐渐增加精饲料比例以确保其平稳过渡并在分娩后尽快促使大量干物质的摄入。分娩时避免不适当的体膘评分（低分或高分）是很重要的。过瘦或肥胖的年轻奶牛更易于发生难产和产后综合征。妊娠后期不是体膘调整时期，而是年轻奶牛早期泌乳应激的准备时期。这一时期的年轻奶牛对畜舍要求不高且饲喂计划比较灵活，也可放牧饲养。

分娩前几天可将头胎母牛与泌乳母牛共同放在挤奶房以使年轻奶牛适应常规挤奶程序，分娩后尽可能将头胎母牛单独放在一组，若与年长奶牛放在一起可能会产生应激反应。

三、成年奶牛的饲养管理

在正常情况下，奶牛的第3~4胎是产奶高峰期，随着胎次的增高，产奶机能逐渐衰退。在每个胎次中，第2~3月是产奶高峰期，以后逐步下降。为了便于掌握成年牛产奶时期的饲养技术，一般根据不同阶段的不同要求，把奶牛一个泌乳期分为四个阶段，即围产期、产奶盛期、产奶中期和后期、干乳期。

（一）围产期的饲养管理

围产期指的是奶牛临产前15天（围产前期）和产后15天（后期）的一段时间。其特点是母牛在30天中要经历3个不同的生理阶段：干奶—分娩—泌乳。要维护好母牛的健康及胎儿的生长发育，还要照顾到其后的产奶量和卵巢机能的恢复与再繁殖的原则。因此，在饲料供给上要高度注意营养平衡，同时要向精饲料增多、蛋白质含量提高、粗纤维含量适当降低和低钙（后期高）的方向转变，为瘤胃对高能量、高蛋白日粮的消化机能转换打下基础。

1.前期

前期应注意的事项：

（1）母牛临近分娩，要做好接产准备，要进行产前检查和随时注意观察临产征候的出现。

（2）在供应母牛的日粮中提高营养水平，在原干奶牛的水平上按日增重0.4~0.5千克的渐进方法达到每100千克体重进食1~1.5千克精饲料为止。精、粗饲料比在

30：70，钙、磷比为1：1的水平。临产前2～3天日粮中适当增加麦麸、增加轻泻剂防止便秘。

（3）粗饲料的品质要新鲜、质地要好，可选易消化，抽穗前的禾本科草和花期的豆科干草以及优质青贮料等，并适当补饲维生素A、D、E以及微量元素（硫等）。

（4）严禁饲喂发霉变质及冰冻饲料，以及过凉的饮水。

（5）母牛临产前1周左右会发生乳房膨胀和水肿以及乳腺炎。若水肿显著则可适当减少糟粕料、多汁料饲喂量，一般情况下只要乳房不过硬仍可照喂。

2. 后期

此阶段应设法尽早增加营养，缩短因能量失衡导致的减重期限和体质的恢复，为泌乳高峰的来临奠定基础。

（1）母牛分娩后体力消耗很大，失去大量水分，前两天不应急于大量挤奶，第一天挤够犊牛2～3次的用奶量（每次2千克）即可。第二天挤1/3，第三天挤1/2，第四天可以完全挤净。在挤奶前应热敷和轻度按摩乳房，以有利于乳房血液的微循环。

（2）产后母牛要有安静的休息环境。补足水分，要供足37℃麦麸盐水（麦麸1～2千克、盐100～150克、碳酸钙50～100克、温水15～20千克），必要时可以补糖和缩宫素等以促进体质恢复和胎衣排出。

（3）应饲喂高品质的干草及一些精混料制成的粥，甚至可以加些增味物质，逐渐促进其食欲。

（4）为防止产褥疾病的发生，应加强外阴部的消毒和保持四周环境的清洁，地面应干燥，要勤换垫料。

（5）加强监护，注意胎衣是否排出及其完整程度，以便及时处置和治疗。

（6）夏季产房要注意通风和降温（避免用强吹风和长时间喷淋冷水）。注意消灭和减少蚊、蝇、虻等昆虫的骚扰。冬季注意保温换气，防止贼风侵袭。

（7）正常情况下，奶牛在分娩后7～15天内乳量增长很快，消化机能基本恢复，食欲进入旺盛状态，营养开始明显处于负平衡。要像产前一样继续逐日增加精料量，在补充能量的同时要满足奶牛对蛋白质的需要。后期开始即应达到泌乳所需的营养标准。

（二）产奶盛期的饲养

产奶盛期一般指产后16～120天，最大的特点是产奶量上升很快，至100天左右，产奶量可达到最高峰。品种比较好的牛，产奶高峰可以持续1个月以上，以后则呈逐步下降的趋势。这个阶段，奶牛代谢旺盛，呼吸、脉搏都高于正常范围。但是此时奶牛的食欲并未处于最佳时期，奶牛摄入的营养往往不能满足产奶需要。因此，奶牛就会动用自身体内的脂肪，这就是常说的奶牛营养负平衡。尤其是高产奶牛，这个阶段出现营养不平衡几乎是不可避免的。动用体脂太多、太集中，就会增加肝脏的负担，把体脂肪转变为牛奶时，会释放出一种"酮"的物质，就会引起奶牛的酮病。

（三）泌乳中、后期的饲养

泌乳中期为产后 120 ~ 200 天，泌乳后期为产后 201 天至干奶前。

1. 泌乳中、后期的特点

（1）新陈代谢旺盛，采食量大，饲料转化率高，对饲料及环境因素刺激反应快。

（2）产奶量下降：每月产奶量下降 7%；母牛怀孕，营养需要下降。

可采用的饲养标准为：产奶 20 千克时，6.7 ~ 7.5 千克精料；产奶 30 千克时，7 ~ 8 千克精料；产奶 15 千克时，6 ~ 7 千克精料。

多汁饲料：糟渣类饲料适口性好，能增进采食量，喂量小于 12 千克；块根类饲料 3 ~ 5 千克。

优质粗饲料：青贮料 15 ~ 20 千克 / 头·天；干草自由采食，每天不少于 4 千克。

2. 泌乳牛饲养中应注意的问题

（1）饲养奶牛必须有严格的饲养技术

保证不同的饲养阶段配合不同的饲料类型，饲喂优质精、粗饲料，增加饲喂次数。夏季饲养注意防暑降温；提供优质精粗饲料；高产奶牛则要加强早班和夜班饲喂，多加精料，中班少给，运动场内设草架、食盐槽，任其自由采饲。冬季饲养注意保温设备；温水拌料，饮水加温。

一般是精料增加，产量增加；但精料不断增加，产奶增加幅度下降；精料喂量应根据母牛产奶量、乳脂率、体重变化和泌乳阶段的变化决定，精料喂量避免浪费。粗料过多，能量、蛋白水平不够而产奶量下降；粗饲料不够，粗纤维缺乏，瘤胃兴奋性降低，瘤胃消化功能受影响，易发生消化代谢性疾病。

（2）注意青贮喂量

青贮料是奶牛的基本饲料，长年饲喂青贮料是奶牛高产、稳产的要素之一，但应控制喂量，防止喂量过大而影响其他营养物质的采食量，一般采食量是体重的 3% ~ 3.5%。

（四）干奶牛的饲养管理

干奶期是指牛临产前停止泌乳的时期。干奶期时间的长短可根据牛的体况、产奶量高低而定。一般为 60 天左右，高产牛、一胎牛、体质差的牛可适当长些，体质较好的低产牛也可稍短些。前 45 天为干奶前期，后 15 天为干奶后期。

奶牛干奶最好采用快速干奶法，一般要求在 4 ~ 5 天使泌乳完全停止。日产奶 13 千克以下的奶牛停奶容易，停喂精料并立即停止挤奶即可，4 ~ 5 天后彻底挤最后一次奶就可以了。高产奶牛停奶时，应采取停喂精料、限制饮水等方法使产奶量减少，当产奶量下降后，立即停奶。最后一次挤奶后，用 4% 次氯酸钠或 0.3% 洗必泰溶液浸泡乳头。

干奶牛日粮营养需要：干奶期是奶牛自行恢复消化道功能、确保怀孕正常进行的时期，精料喂量应控制在 3 ~ 4 千克；多汁饲料和糟渣类饲料喂量小于 5 千克；优质粗饲料如青贮料 10～15 千克，干草 3～5 千克，以维持瘤胃的正常消化功能，干奶后期日粮可提高蛋白质水平，采用低钙饲养法（钙 50 克、磷 30 克），预防产后酮病和乳热症的发生，矿物质供应如磷酸二氢钙是补磷、钙的主要物质。

干奶牛饲养中应注意的问题：严格控制精料喂量，防止干奶期营养水平过高而肥胖。

产前 2 周，对年老体弱及易发病的奶牛应用糖钙疗法，肌肉注射维生素 D_3、孕酮等，以预防乳热症、胎衣不下和酮病发生。

第四节　猪的饲养管理技术

一、育成猪的饲养管理

（一）育成猪入舍前的准备工作

仔猪入舍前及时进行彻底清理（除掉一切没必要存在的物品）、冲洗、消毒，做好接断奶猪的准备。

（二）仔猪转入育成舍后的工作

1. 合理组群

从仔猪转入开始根据其品种、公母、体质等进行合理组群，并注意观察，以减少仔猪争斗现象的发生，对于个别病弱猪要进行单独饲养，特殊护理。

2. 卫生定位

从仔猪转入之日起就应加强卫生定位工作（一般在仔猪转入 1～3 天内完成），使得每一栏都形成采饮区、休息区及排粪区的三区定位，为保持舍内良好环境及猪群管理创造条件。

3. 环境的控制

注意通风与保温，育成舍的室温一般控制在 22～28℃，湿度控制在 60%～65%。

4. 饲料适度

目的是减少因饲料过渡而造成的仔猪应激，对于病弱猪可适当延长饲喂乳猪料或饲料过渡的时间，而对于转群体重较大、强壮的仔猪则相反。进入育成舍的第一周内，对仔猪要进行控料限制饲喂，只吃到七八成饱，使仔猪有饥有饱，这样既可增强消化能力，又能保持旺盛的食欲。对育成仔猪要求提供优质的全价饲料。

5. 合理饲喂

根据猪群的实际情况，在饲料中酌情添加促生长剂或抗菌药物，进行药物预防工作。

6. 疫苗接种

根据免疫程序及时准确地做好各项免疫工作。

二、种公猪的饲养管理

（一）种公猪的选留

1. 体形外貌具有该品种应有的特征。

2. 本身及其祖先、同胞无遗传缺陷。

3. 母亲产仔多，泌乳力强，母性好，护仔性强。

4. 生长发育良好，健康无病。要求头颈粗壮，胸部开阔、宽深，体格健壮、四肢有力，具有雄性悍威。

5. 睾丸发育正常良好，两侧睾丸大小一致、左右对称，无阴囊疝，性欲旺盛，精液量多质好，有良好的配种能力。

（二）饲养

采用一贯加强法，日喂 2 次，精料日喂量 2.3 ~ 2.5 千克（日粮配方应满足需要），每天不要喂得过饱，以八九成饱为度。湿拌生喂，适当增加青饲料，使之保持种用体况。

（三）管理

1. 单圈饲养，经常保持清洁干燥，光线充足，环境安静。

2. 圈舍内温度不能高于 30℃。

3. 每周消毒 1 次。

4. 每天用铁制猪刮定时梳刮 2 次（在每次驱赶运动前进行），保持猪体清洁。

5. 每天上下午各驱赶运动一次，每次约 1 小时，行程约 2 千米。其方法为"先慢，后快，再慢"。

（四）分阶段饲养管理

1. 适应生长阶段

要点：选种后至 130 千克体重为适应生长阶段。用高质量的饲料限制饲喂，8 月龄体重达 130 千克。饲喂在通风良好、邻近成年公猪和母猪的圈舍。

（1）饲养：每天限制饲喂 2 ~ 3 千克的育成料、后备母猪料或哺乳料，日增重为 600 克，8 ~ 10 周后，即 8 月龄时体重达 130 千克。

（2）圈舍：圈养（不用限位栏）、通风良好、温暖干燥，邻近母猪栏，以确保其正常的性发育。

2.调教阶段

要点：体重 130 ~ 145 千克为调教阶段。用高质量饲料限制饲喂，9 月龄体重达 145 千克。在 1 个月的调教阶段，使用发情明显的后备母猪或青年母猪来调教，用另一头公猪来重复配种。

（1）饲养：每天限制饲喂 2.5 ~ 3.5 千克优质饲料，日增重 600 克，9 月龄体重达 145 千克。

（2）每周最多配种次数：1 ~ 2 次，每周利用发情明显、静立反射强烈的后备母猪或青年母猪来试配 1 ~ 2 次。

（3）圈舍：受训公猪应圈养（不用限位栏），使其有机会观察成年公猪配种。

3.早期配种阶段

要点：9 ~ 12 月龄为早期配种阶段。继续控制公猪的生长和体重。配种次数：2 ~ 4 次 / 周，利用发情明显的年轻母猪。记录配种情况。

评估繁殖配种性能，为淘汰与否提供依据。

（1）饲养：根据体况，每天限制饲喂 2.5 ~ 3.5 千克的妊娠母猪料，以控制公猪的体重和背原厚。

（2）每周最多配种次数：3 ~ 4 次 / 周。

（3）圈舍：单独圈养（不用限位栏）在配种区域，配种栏应有足够的面积和干燥的地面。

4.成熟阶段

要点：12 月龄到 36 月龄为成熟阶段。继续控制生长和体重，每周均衡配种 6 次，做好配种记录。

（五）配种

选在饲喂前后 2 小时进行，配种的种公猪不要追赶或用冷水冲洗，以免影响配种能力。

三、种母猪的饲养管理

（一）后备母猪的饲养

1.后备母猪的选留

（1）体形外貌具有该品种应有的特征，生长发育良好，健康无病。

（2）本身及其祖先、同胞无遗传缺陷。

（3）母亲产仔多，泌乳力强，母性好，护仔性强。

（4）乳腺发达，乳头不少于 6 对（纯种），发育正常，排列整齐，分布均匀，粗细长短适中，无瞎乳头、内陷乳头、翻转乳头与副乳头。

（5）外生殖器发育正常，大小适中，位置端正，桃状下垂。

2. 后备母猪的饲养管理

（1）分群：根据圈舍大小、猪日龄、体况强弱进行合理分群。体况一致和日龄大小相近的猪关在一起，同时保证密度适宜。

（2）清洁卫生：保持圈内无粪便、干燥。

（3）消毒：每周用消毒药对猪舍彻底消毒一次，包括地面、墙壁。消毒时按每3平方米用1升消毒药进行。

（4）光照：尽可能用日光；光照时间为16小时/天，不足部分可通过人工光照获得。

（5）控制体重与日喂量：定期称重，与标准体重比较，以适当调整日粮营养水平及日喂量，确保猪只发育正常。

（6）适当运动，增强体质。

（7）有利于刺激母猪发情的饲养管理。如混群、与公猪接触等。

（8）条件许可下每天饲喂青饲料。

（9）定期驱虫：全部饲喂全价料，每季度驱虫一次；如果饲喂青饲料，每1至2月驱虫一次。

（10）按时接种疫苗。

（11）做好母猪发情记录等。

3. 后备母猪的初配适龄

年龄必须7～8月龄以上、体重100～120千克、至少两个情期才能进行第一次配种。

（二）发情母猪的配种

1. 发情症状

发情猪烦躁不安、咬栏、哼噜、尖叫、食欲减少、外阴充血肿胀而发红，阴道有黏液流出；爬跨其他母猪或接受其他母猪爬跨。公猪在场时，静立反射明显，爬跨其他母猪或被爬跨时站立不动，发出特有的呼噜声，愿接近饲养员，能接受交配；平均持续时间：后备母猪1～2天，经产母猪2～3天。

2. 最佳配种时间及其方法

（1）母猪最适宜的配种时间是在发情开始第二天（经产母猪）或第三天（后备母猪）。

（2）要求每天上午8时、下午2时分别观察发情症状，当母猪外阴红肿稍退并出现少量皱纹，用手压背母猪站立不动时，进行第一次配种，8～12小时后进行第二次配种（后备母猪还要再过8～12小时进行第三次配种）。

3. 查返情

（1）查返情时最好用公猪，公猪在母猪栏前走，并与母猪鼻对鼻的接触。群养时可把公猪赶到母猪栏内。

（2）查返情时，饲养员要注意查看正常的返情症状，即压背、竖耳、鸣叫、阴户肿胀、红肿。栏养时发情的母猪会在其他母猪躺下时独自站着。

（3）可用拇指测阴户温度，翻查阴户是很有用的，对公猪感兴趣的母猪，应赶到靠近公猪栏的地方观察。

（4）返情前，有些母猪会流出像脓一样的、绿色的或黄色的恶露。这说明子宫或阴道有炎症，因此应注射抗生素并给予特殊照顾。

（5）返情母猪的保留和重配决定必须考虑许多因素。

4. 流产母猪的配种

除产道细菌性感染引起的流产需要治愈后配种外，其他非传染病因素引起的流产均可在流产后第一次发情时配种；如果怀疑公猪精液质量不佳引起的流产应更换其他公猪配种；习惯性流产则应在流产前一定时间给予保胎处理。

5. 配种后管理

（1）配种后最好单独饲养；配种后，母猪应尽可能保持安静和舒适。

（2）配种后的 2～3 天内适当限制母猪采食量。

（3）配种后 7～30 天的母猪不应被赶动或混群。

（三）妊娠母猪的饲养管理

母猪妊娠期平均为 114 天（107～121 天）。饲养管理要点为：① 减少猪只之间的争斗，群体大小要合理，不能随意合群或分群。② 精心饲养，保持母猪体况。③ 严禁粗暴对待母猪，如鞭打、追赶、惊吓等。④ 配后 30 天内和产前 30 天应避免强烈运动或驱赶。⑤ 圈舍保持安静、清洁，地面平整防滑。⑥ 每周消毒一次。⑦ 圈舍温度适宜，最适温度为 20℃左右。⑧ 搞好防疫注射和驱虫。有寄生虫病史的猪场，在母猪妊娠一个月后，每月喷洒体外驱虫药 1～2 次；母猪产前 4 周、2 周分别进行体内驱虫。⑨ 禁止在母猪妊娠期间注射猪瘟弱毒活疫苗。⑩ 禁止使用易引起母猪流产的药物。⑪ 妊娠母猪的饲料品质要保证优良，青饲料必须新鲜。严禁饲喂霉烂变质、冰冻和带有毒性的饲料。⑫ 避免突然更换饲料。⑬ 保证充足的、清洁卫生的饮水。⑭ 母猪栏前悬挂配种记录，以便观察及根据妊娠天数调整喂料量。⑮ 适时进行妊娠检查。配种后 25 天、42 天时进行妊娠检查。⑯ 按免疫程序进行免疫接种。⑰ 引起胚胎死亡的主要原因有：营养不良，如严重缺乏蛋白质、维生素（A、E、B）、矿物质（Ca、P、Fe、Se、I），日粮能量过高等；患子宫疾病；患高烧病；饲料中毒或农药中毒；高度近亲繁殖，使生活力低下；配种不适时，过早过晚配种造成，有效的预防方法是重复配种和混合精液输精；高温影响，特别是受配第一周，短期内温度升高在 39～42℃。⑱ 妊娠母猪流产的主要原因有：营养不良、母猪过肥或过瘦、高度近亲繁殖、突然改变饲料、饲喂霉变有毒饲料、冬春喂冰冻饲料、长期睡在阴冷潮湿圈舍、机械性刺激、患传染病、患高烧病、各种中毒。

这一时期管理重点是保胎，主要是防止母猪流产、增加产仔数和初生重，为分娩和泌乳做好生理上的准备。

（四）分娩护理与接产

1. 预产期的推算方法

怀孕期为 114 天：配种月加 3，配种日加 20。

2. 母猪转入产房前后的准备工作

（1）产房清洗消毒。母猪转入产房前要对产房进行冲洗消毒，干燥后再转入临产母猪，同时要检修保温设备和产床设施。

（2）妊娠母猪临产前一周用热水清洗猪体，再淋 0.1% 高锰酸钾液消毒体表。初产母猪提前 7 天进入产房，减少分娩应激。

（3）再次根据配种时间计算分娩日期，看分娩日期是否正确。

（4）每天检查临产母猪是否有分娩征兆，如乳汁溢出，最后一对乳头出乳后，打开仔猪加热灯或保温箱。

（5）母猪产仔多在凌晨 2 ～ 6 时。

（6）怀孕 110 天起应减料，或者添麸皮水。

3. 母猪临产征兆

衔草做窝、站立不安、外阴红肿、乳房肿胀、频频排尿、流出乳汁等。

4. 分娩护理与接产技术

临产前的准备工作：①药品器材准备：消毒药、润滑剂、抗生素、催产素、铁剂等。②用 0.1% 高锰酸钾水清洗母猪乳房、乳头、阴部。③消毒接产用具。④仔细检查保温箱及灯泡。保温箱内垫好保温材料，保证箱内干燥、温度适宜在 35℃ 左右。

接产和仔猪处理程序：①用干毛巾擦净仔猪口、鼻和全身黏液；②断脐，长度约为一拳头宽，断端用 4% ～ 5% 碘酒消毒；③仔猪产后置于保温箱并及时吃上初乳；④假死仔猪急救的方法是人工呼吸；⑤当母猪发生难产时必须进行人工助产；⑥打耳号、断犬齿、断尾，断齿时最好内服抗生素防感染；⑦帮助弱仔哺乳、固定乳头；⑧产仔结束时要及时处理污物和胎衣；⑨母猪产后常规注射抗生素三天，防止产后感染。

延期分娩的处理：延期分娩指妊娠时间超出 114 天。在气温较低的季节，延长 1 ～ 2 天分娩对胎儿影响不大，但如果在气温较高的季节如 6 ～ 8 月份，就可能导致胎儿死亡。

5. 对产仔母猪和仔猪的观察

（1）产后 3 天内每天应观察几次，以后每天也要观察并注意以下症状：坚硬乳房、便秘、不正常的阴道恶露（产后 3 ～ 4 天的恶露是正常的）、气喘、缺乏清洁、不舒服、以腹部躺卧、凶狠、高热、饥饿或咬仔猪、仔猪肤色苍白、拉稀、其他感染、机械损伤。

（2）针对以上问题应做出相应处理。

（3）分娩 6 ～ 8 小时后应鼓励母猪站起，并饮用充足的饮水，以便迅速恢复体形。并检查母猪是否便秘，饮水不足和便秘会导致乳房炎和阴道炎。

（4）产后 3 ~ 4 天要检查母猪的乳房，有发炎和坚硬现象的应按乳房炎治疗。

（5）母猪食欲不振、烦躁不安加上直肠温度在 40℃以上，可能预示有早期的子宫炎、乳房炎和阴道炎。

（五）泌乳母猪的饲养管理

1. 泌乳母猪的饲养

（1）母猪产仔结束后可赶起来饮水，分娩后的投料量以从少量逐渐增加的办法，让母猪每次能吃完所投饲料。分娩后的第一天上、下午各喂 0.5 千克，从第二天开始每天增加 0.25 ~ 0.5 千克，到产后的第七天喂量达到 2.5 千克。要注意在母猪每次都吃完投料的情况下才能逐渐增加。从产后的第八天开始每天增加喂量 0.5 ~ 1 千克，到产后的第 14 天喂量增加到 6 ~ 8 千克，并维持这个喂量到断奶前一周。但由于每头母猪的膘情及其带仔数不同，应区别对待每头母猪的维持喂料量。

（2）母猪断奶前 1 周应逐步减料，每天减少 0.5 ~ 1 千克，至断奶时喂料量 2.5 ~ 2 千克。母猪断奶的当天不喂料以防止乳房过分膨胀造成乳房炎。

2. 泌乳母猪的管理

保持良好的环境。要求圈舍清洁安静，光照通风条件良好；防寒防暑；保证饮水充足、饲料新鲜；预防产道疾病。仔细观察外阴分泌物的性质和乳房是否有红肿现象，如果存在就应及时治疗；观察母猪的采食、粪便、精神状态，关注母猪的健康。

3. 断奶

现在一般采取仔猪 28 日龄赶母留仔一次性断奶法。母猪断奶后到配种前喂哺乳料，喂量一般在 2 ~ 2.5 千克左右，可根据母猪的体况、膘情酌情增减。

第四章 家禽养殖技术

第一节 鸡的饲养管理技术

一、雏鸡的饲养

鸡的一生经过雏鸡、幼鸡、成年鸡、种鸡、蛋，再育成雏鸡，因此在饲养时常常从雏鸡开始。在鸡蛋里发育，经过一定的时间，在一定的温度、湿度条件下，小鸡崽从鸡蛋里破壳而出的过程叫孵化，孵化出来的小鸡叫雏鸡。这是个非常娇弱的幼体，需要人为地精心饲养。从出壳到6周龄的幼雏，需要供给一定的温度，细致的饲养管理和精心的培育，这个过程称为育雏。

（一）育雏前的准备

1. 选好品种

首先要选择饲养的品种，并对该品种的基本性能和饲养管理要求有所了解，以便做好相关工作。

2. 育雏舍和设备的准备

育雏舍要满足鸡的养殖需求，再根据不同的养殖目的做适当的改进，最终要求有利于防疫、防病、防鼠害、保暖、干燥、光亮度好、通风换气良好和消毒方便的原则。育雏设备也有很多，主要包括取暖、供料、饮水、温度计、清洁设备等。

3. 育雏舍消毒

育雏室要进行清扫，全部设施及用具刷洗干净，集中于育雏室内，在进雏鸡前数天，对育雏舍和用具进行两次全面彻底的消毒。消毒药物可选用氯毒杀、消毒威、高锰酸钾、来苏儿、福尔马林、新洁尔灭、烧碱或过氧乙酸等。常用的方法是关严门窗，按每立方米空间用高锰酸钾20克、福尔马林40毫升熏蒸消毒，密闭1~2天。地面刷洗后用2%的烧碱溶液消毒，墙壁用10%石灰乳刷洗。

4. 饲料、疫苗和药物的准备

根据育雏数量的多少，至少应准备在育雏前10天必需的雏鸡饲料、疫苗和保健药品，同时也要准备好育雏的饲料添加剂、常用药品、垫料、食槽、饮水器等。

5. 预温工作要做好

接雏前三天，安装好所有设施，在进雏前1~2天进行预温，并调试温度和湿度，检查供暖设备的供暖效果，安全可靠后方可进雏。

（二）育雏条件

雏鸡幼小，养育需要满足一定的条件才能保证雏鸡健康成长，这些条件包括温度、湿度、密度、光照和通风等。

1. 温度

在 1 ~ 2 天温度保持 35℃，后逐渐降温，第一周保持在 24℃，以后每周降 1℃，降到 18 ~ 21℃为止。温度何时为止，可从雏鸡的状态观察出来。温度适宜，雏鸡在舍内分布均匀，精神食欲良好，饮水正常，活泼好动，夜晚安静；温度过低，雏鸡拥挤成堆，集于热源，并发出尖叫；温度过高，雏鸡远离热源呆立，张口喘气，饮水量增加。

2. 湿度

出壳的雏鸡身体内水分的含量在 70% 以上，从高湿的出雏器转入较干燥的育雏室，散发较多的水分，影响雏鸡的正常生长。一般适宜的相对湿度为 55% ~ 65%，偏高偏低都造成危害。湿度过大，为病菌和寄生虫卵的繁殖创造了条件，容易导致雏鸡发生呼吸道疾病和球虫病。另外，湿度过大，鸡舍内的温度降低，雏鸡感觉很冷。湿度过小，降低雏鸡体热的正常散发，雏鸡感觉到更加闷热，既容易发生脱水现象，也容易导致疾病的发生。

3. 通气

通气的目的是排出室内污浊空气，换进新鲜空气，并调节室内湿度。因为在高温、高密度饲养条件下，育雏舍内由于雏鸡呼吸、粪便及潮湿垫料散发出大量的有害气体，如氨气和二氧化碳等，超过一定的浓度危害雏鸡健康，所以要及时通风，排除有害气体，换进新鲜空气。适宜的通气量是以人走进室内不感闷气和刺眼鼻等为宜。

4. 光照

光照在雏鸡饲养中非常重要，阳光照射有杀菌、消毒，在体内合成维生素 D，促进钙、磷代谢，防止软骨症的作用，在室内养育一周后的雏鸡要逐渐放到室外活动。为了促进雏鸡生长发育，使其适当性成熟，对雏鸡采用渐减光照法：第 1 周每天 22 小时，第 2 周每天 20 小时，第 3 周每天 18 小时，第 4 周每天 16 小时，第 5 ~ 8 周光照为每天 10 ~ 12 小时。

5. 饲养密度

密度是指单位面积容纳的雏鸡数。饲养密度是否适宜，对养好雏鸡和充分利用鸡舍空间有很大影响。密度太小，不利于充分利用空间，浪费了资源；密度太大，对鸡舍内的卫生和通风、保温条件都提出了更高的要求，稍有不慎就会造成雏鸡感染疾病甚至死亡的现象。一般规律是随着雏鸡周龄的增加，放养密度要相应减小；立体养殖的密度可比常规养殖增加 60% 甚至一倍。

（三）育雏方式

育雏方式可分为两大类，一类是平面育雏，另一类是立体笼式育雏。

平面育雏就是把雏鸡放养在铺有垫料的地面上，也可以在棚架上设置铁丝网或塑料网，然后把雏鸡放在网上进行饲养。根据不同的载体又可以细分为有保温伞的地面育雏、网上育雏、温室地上育雏、地下温床育雏等几种。

立体笼式育雏是一种立体式的育雏方式，相对而言放养密度比较高，单位效益也高，可充分提高地面利用率和生产效率，保证鸡群发育均衡。立体笼一般有 3 ~ 6 层，常用的是 4 层，每层 3 ~ 4 个笼为一组，每笼的规格为 60 厘米 ×30 厘米 ×100 厘米，料槽安装在笼子的前侧，水槽安装在笼子的后侧，均有调节高度的装置。

（四）育雏季节

在开放式鸡舍里受外界环境的影响较大，尤其是气温影响最大，对于育雏季节的选择只能依赖鸡的自然生殖习性，选择仲春至初夏、初秋等时机作为合适的育雏季节，以利于雏鸡的生长发育。而在集约化的养鸡场，通常采用封闭式鸡舍，受外界环境尤其是气温的影响很小，完全可以通过人工措施加以控制，因此可根据生产情况，做到一年四季均可育雏。

春雏是指春天 3 月— 5 月孵出的雏鸡，只要管理得当，育雏成活率最高，是当前生产中主要的育雏季节。

夏雏是指夏天 6 月— 8 月孵出的雏鸡，育雏成活率比春雏略低，但是效果也不错，是当前生产中重要的育雏补充时期。

秋雏是指秋天 9 月— 11 月孵出的雏鸡，雏鸡的体质差，育雏成活率较低。

冬雏是指冬天 12 月至翌年 2 月孵出的雏鸡，育雏成活率最低，一般不提倡。

（五）雏鸡的挑选

1. 对刚孵化的雏鸡进行挑选，主要是挑选出病、死雏鸡，死鸡立即消毒后掩埋，病鸡能治疗的就治疗，不能治疗的立即处理。

2. 对经过运输后的雏鸡进行挑选，主要是挑选出弱雏鸡，并将其按强弱分开饲养。

3. 挑选的雏鸡一定是同一孵化舍的、同一批次的，不能存在差异。

4. 挑选健壮雏鸡的标准主要有以下几点：第一是看雏鸡的活性，健壮的雏鸡富有活力，活泼好动，眼睛睁得大大的而且有精神，左顾右盼，对周围环境的反应非常敏感；第二是看雏鸡的身体，健壮的雏鸡绒毛整齐清洁、富有光亮、柔软致密，脚趾和胫部光滑油亮，鸡腿结实有力，蹬踢有劲，肛门周围干净，没有粪便粘连不断的现象；第三是听声音，把雏鸡抓在手里，轻轻用力，健康的鸡强力挣扎，叫声清脆悦耳；第四是称体重，健壮的雏鸡一致，个体均匀，没有大小相差很大的感觉，称量体重时，基本上也是大小相当，合乎雏鸡的体重标准。

5. 判别弱鸡的几个小贴士。与上文的健壮雏鸡相对应就可以准确判别出弱鸡。第一是看弱鸡的活力，弱雏无力、嗜睡，眼睛没有神采，精神萎靡不振，甚至有的个体头部无力，总是耷拉着；第二是看雏鸡的身体，弱雏的身体绒羽蓬松，不清洁，脚趾和胫部发暗、没有光彩，鸡腿无力，有的弱雏肛门周围有粪便粘连不断的现象；第三是听声音，把雏鸡抓在手里，轻轻用力，弱雏无力挣扎，只发出"叽叽"的没有力气的叫声；第四是称体重，弱雏鸡大小不一致，称量体重时，有的相差很大。

（六）雏鸡的饲养管理

1. 饮水

雏鸡进入育雏室，在经过片刻的安静后散放在保温伞内或其他的饲养场所，特别是夏天如果堆放在一起，容易闷死雏鸡。进雏后，先让雏鸡在孵出后约24小时内早饮水早开食，先饮水后开食。在吃饲料前三小时一定学会饮水，以减少雏鸡脱水现象。雏鸡的饮用水最好用晾好的温水，水温接近舍温，第一次饮水2~3小时，在水中加0.02%的高锰酸钾溶液（使水刚变成淡红色），或将大蒜捣烂放入水中，或饮用热水溶解的0.02%的痢特灵水，供雏鸡饮用3~5天，给雏鸡的胃肠道消毒，可防小鸡白痢。第二天饮水最好能供给5%~8%的糖水，适当添加多种维生素，尤其是添加0.01%维生素C，目的是及时恢复雏鸡活力，减少在育雏阶段发生白痢病。育雏舍的相对湿度保持60%~70%，饮水的温度以15℃左右为宜。一旦供水后不能中断，饮水设备的上缘应稍高于鸡背。一周龄内饮温开水，每周饮一次0.04%的高锰酸钾溶液。

2. 喂料

雏鸡在经过3小时的充分饮水之后，可以进行开食。具体的开食时间应取决于雏鸡胃肠的发育情况，如果开食过早，雏鸡的肠胃功能还不健全，此时开食加重肠胃的负担，甚至损伤消化器官。但是也不能开食过晚，如果过晚的话，雏鸡得不到外来的营养补充，体内的新陈代谢继续进行，会以消耗雏鸡的部分体力为代价，从而影响生长发育和成活率。根据生产实践和研究表明，雏鸡一般在孵出后的24~36小时开食最适宜，最晚不超过36小时。

开食方式很简单，把雏鸡料撒在纸上或平盘上，让其自由采食，每日换纸一次或洗盘一次，约5天后就不需要报纸了。开食时间应在白天，最好在早上进行。开食饲料以小米或粉碎的黄玉米浸泡软化后饲喂为宜，料中应加0.02%的抗菌素药物和碎大蒜，以增强抗病力。开食两天后逐步加入配合饲料，一周后全部喂配合饲料。由于雏鸡个体小，抗病力差，育雏期间最易发生而且危害较大的为白痢和球虫病，故在10日龄的饲料中加0.02%痢特灵，11~20日龄加0.1%四环素，21~30日龄加0.1%土霉素，能有效地预防雏鸡白痢和球虫病。

开食量第一天每只喂2克~3克，以后每天增加1克，每次不可多喂，以喂八成饱即可。做到少量多次、勤添少喂，调动起雏鸡的食欲，在 0～4 周内每天喂 5～6 次，之后每天 4 次，间隔时间要均匀。

对于一些不知道吃食的雏鸡，要进行驯食。驯食方式也不难，首先将雏鸡从休息的地方轻轻地赶出来，放在饲料浅盘旁，轻轻敲扣盘边并发出"吱吱"的唤鸡声音，经 3～4 次的训练后，所有的雏鸡都学会吃食了。

为了保证雏鸡发育均匀，提高成活率，在育雏过程中注意观察，将弱雏挑出来，加强饲养管理。由于雏鸡是群体养殖的，即使是同一批鸡，由于个体间存在一定差异，生长发育也不可能完全同步，时间一久显现出差异性，这就要求在喂料时加强观察，并将强弱进行分开投喂，以免发生强者多吃多占、弱者吃不饱的现象。

3. 保温

雏鸡具有怕冷的特点，刚出壳的雏鸡绒毛稀疏且短小，而且体质瘦弱，自身调节体温的能力很差，对外界温度的变化又非常敏感，如果温度保持不了，忽冷忽热，容易导致雏鸡生病，甚至死亡，因此控制好温度是提高雏鸡成活率的关键技术措施之一。在实践中，育雏头 3 天，要求保温区离垫料 5 厘米处的温度保持 35～37℃，4～7 天保持 33～35℃；以后每周降低 2℃；到第 7 周降到 18～20℃。当然不同的季节、不同的养殖目的，雏鸡的保温要求还是有一定区别的。夏季育雏室的温度低一点，冬季则高一点；肉鸡雏鸡的温度保持高一点，蛋鸡则低一点；健壮的雏鸡低一点，瘦弱的鸡则高一点；健康时可低一点，生病雏鸡则高一点；刚放雏鸡的初期宜高，后期宜低；白天宜低，夜间宜高；晴天宜低，阴天宜高。

对于一群雏鸡来说，育雏期间温度多少才是最适宜的，可以通过观察来确定。例如，雏鸡群挤在热源附近颤抖，羽毛蓬松，不能安静休息，发出阵阵怕冷的唧唧声，在喂料时很少去吃食，表明温度低，应尽快提高温度；如果雏鸡远离热源密集于某一角落且相互叠压在一起，说明育雏内有漏风造成的温度降低，要立即检查漏风来源，堵塞漏洞；如果发现大量雏鸡远离热源，张嘴呼吸而且饮水频繁，食欲下降，表明温度过高，应设法降温；如果雏鸡均匀分布静卧，睡姿伸腿伸头熟睡，呼吸平衡也很有节奏，或者雏鸡轮着吃料而伴有欢快的鸣叫声，粪便正常，羽毛平整光亮，食欲旺盛，饮水精神，说明温度适宜。

4. 断喙

断喙是雏鸡饲养中的一项重要工作，断喙的主要目的是预防啄癖的发生，鸡的啄癖主要有啄羽、啄股、啄翅、啄趾等。断喙还可避免鸡挑食和挠料，从而减少部分饲料浪费，提高养殖效益。正常的断喙第一次在 6～8 日龄进行；第二次为修喙，通常在 45 日龄左右或在转群前进行，不能超过 95 日龄。断喙方法是左手抓住雏鸡的腿部，右手掌握雏鸡身体，将右手拇指放在鸡头顶上，食指放在咽下，稍施压力，使鸡缩舌。借助于断喙器灼热的刀片，切除鸡上下喙的一部分，并烧灼切口，防止流血。上喙断去喙尖至鼻孔之间的 1/2，下喙则断去 1/3。断后的喙应为上短下长。

断喙时的注意事项：一是注意断喙孔的大小要选择好，方便操作，不能损伤鸡舌；二是注意断喙刀要锋利且烧红，减少对雏鸡的刺激和损伤；三是注意断喙工作最好在选择天气凉爽的下午或晚上进行，可以让雏鸡有一个晚上的时间休息，减少应激反应；四是注意断喙的前三天不能喂磺胺类药物，否则导致断喙时出血过多；五是断喙后饲槽内应多加一些料，以便于鸡的采食。

5. 剪冠

剪冠是在育雏阶段的另一项重要的工作，鸡冠里血管丰富，成年鸡喜欢相互打斗或发生啄癖症，在雏鸡阶段就将鸡冠进行适当剪除，可以有效地避免以后长大的鸡互相斗架或发生啄癖时，鸡冠受伤流血过多而死。还可以减少单冠鸡在采食、饮水时，与饲槽和饮水器上的栅格或笼门等网栅摩擦引起鸡冠损伤对于一些成年鸡冠大的品种来说，剪冠还可以避免因冠大而影响视线，在北方地区剪冠还有一个目的就是防止天气寒冷鸡冠冻伤，从而导致鸡机体受伤。

剪冠时间，一般在成年后作为种用的公雏最好在 1 日龄时进行剪冠，也可在雏鸡出壳后在孵化厂直接剪冠。有的养殖户心疼雏鸡，喜欢等雏鸡大一点，在出壳后 20 天才进行剪冠，如果剪冠时间太迟，反而会发生严重的流血现象。

剪冠方法也很简单，安全可行。剪冠最好用眼科剪刀，也可用弯剪或指甲剪，操作时剪刀翘面向上，从前向后紧贴头顶皮肤，从冠基部齐头剪去即可。

6. 剪肉垂

肉垂又称肉髯，是指成年鸡从下颚长出下垂的皮肤衍生物，左右组成一对，大小相称，颜色鲜红。切除肉垂的目的，一是防止以后成年公鸡在斗架时肉垂受损伤，从而使机体也受伤；二是使公鸡采食、饮水较方便。

不同养殖目的的鸡，剪除肉垂的时间也有一定差异，一般蛋鸡可在 12 ~ 14 周龄，肉鸡可在 10 周龄时进行。选择凉爽的下午，用剪刀在肉垂下颌约 0.3 厘米处，将两侧肉垂剪去。为了减少出血，可在手术前后各 4 周，在饲粮中加维生素 K。

7. 断趾

在成年种鸡配种时，由于繁殖行为的需要，公鸡常常用其锐利的爪和距紧紧贴住母鸡的后背，结果造成母鸡的背部常常被严重划伤，甚至造成母鸡死亡。为了防止这种现象出现，留种公雏应在 1 日或 6 ~ 90 龄进行切趾、烙距，这个过程就叫断趾。

断趾时用断趾器或烙铁，把种公雏左、右脚的最末趾关节处也就是趾甲后断趾，并烧灼距部组织，使其不再生长。必要时也可用剪刀剪趾，然后在断趾处涂上碘酒。

二、蛋鸡的饲养

（一）蛋鸡的选择

选择蛋鸡的品种从产蛋量、蛋重、蛋品质和饲料转化率以及蛋鸡的成活率等多方面考虑，一般是选择体重轻、产蛋量高、饲料转化率高的白色来航鸡。

（二）蛋鸡的育雏

蛋鸡育雏的饲养管理根据雏鸡的生理特点进行，在上文已经讲述，不再赘述。

（三）蛋鸡育成期的管理

6～20周龄为蛋鸡的育成期，这是蛋鸡母鸡发育的关键时期，这一阶段的生长和管理的优劣对蛋鸡在产蛋期的生产性能有重要作用，马虎不得。这个时期的主要任务就是在提高育成率的前提下，力争保证鸡群整齐度好，并为进入产蛋期在营养上有所积累，防止母鸡过早性成熟，为产蛋做好生理上的准备，以保证母鸡按期开产和产蛋期有理想的产蛋性能。

1. 转群前的准备

这是蛋鸡从雏鸡阶段转入育成阶段的准备工作。首先，对育成鸡舍进行常规的清洗、消毒；其次，是检查供水系统是否正常；最后，是检查相应设备和用具配备是否到位。

2. 饲养密度

蛋鸡育成期的密度比雏鸡低，在平养条件下，以每平方米养10只为宜；笼养条件下，以每平方米养5只为宜。

3. 科学饲喂

蛋鸡育成阶段的营养需求与雏鸡阶段有很大的不同。育成期的日粮供应蛋白质含量在雏鸡阶段低得多，以防止蛋鸡过早开产，因此从雏鸡料转为育成鸡料，要有一周的过渡阶段。每天投喂3～4次，每次喂料一定要均匀，保证每只鸡吃到八成饱就可以，同时应照顾弱鸡，防止鸡采食不匀而影响鸡群的整齐度。

4. 饲料控制

蛋鸡的饲料控制又叫限制饲养，其目的是防止壮年鸡吃料过多、过快，增加太多的脂肪积蓄，从而影响产蛋性能。因此，对蛋鸡的饲料投喂量进行控制，通过控制投喂量将壮年鸡的体重控制在适当范围内。饲料控制不是随意行为，一般从出壳到55日龄是自由采食的，从第56日龄开始控饲，到100日龄结束，如果是多数鸡超过标准体重的幅度较大，还应持续控饲15天。到120日龄以后，蛋鸡就要为开产做好准备，这时就不能控饲，须逐步提高饲料营养水平和饲喂量。

饲料控制的方式有几种，具体采用哪一种就要视养殖场的情况而定。一是限制采食量，每次投喂饲料时可比正常投喂量减少8%～12%；二是降低饲料中营养物质的含量，适当增加纤维素，降低能量、蛋白质和氨基酸的含量，保证蛋鸡吃料后不至于脂肪积累过多过快；三是在采食的时间上进行限制，每次采食的时间可比正常少10分钟。要注意的是在限饲阶段如实行采食量限制，必须有足够的食槽和水槽，保证全部后备母鸡都能在同一时间采食。当鸡出现疾病时，或者进行免疫接种时，应停止限饲，待恢复正常时再继续进行限饲。对于因防疫、疾病、断喙、断趾、转群、高温或寒冷时造成的应激，必须通过调整饲养计划给予及时的补偿。

5. 光照要求

蛋鸡育成期间的光照有一定的要求，既不能光照太强，也不能太暗，一般以每天 8～9 小时为宜。这种光照时间和光照量的控制，对于封闭式和半开放式的鸡舍来说，都是可以人为控制的。但是对于开放式鸡舍来说，在长日照季节就很难控制，此时可考虑用双层黑色布帘将门、窗光线遮挡，每天上午 9 时将布帘拉开遮住烈日，下午 5 时再将布帘拉上，饲喂和操作管理主要在遮光的这段时间进行。从 120 日龄后应逐渐增加光照时间，可每天增加 10 分钟，直到增加到正常光照需求。

6. 管理工作

育成期的管理工作也很重要，由于壮年鸡的新陈代谢旺盛，吃的食料多，消化能力强，排粪也多。因此，管理工作主要集中在清洁方面，经常清理粪便和打扫地面，定期刷洗水槽，搞好鸡舍的环境卫生。

（四）产蛋期的饲养与管理

产蛋期一般是指蛋鸡从第 150 日龄至 510 日龄的这段时期，也就是从育成期结束后到母鸡产蛋降到 10% 左右淘汰前的这段时间，这个时期是产生经济效益的关键时期。在环境良好的条件下，要想使蛋鸡群体产蛋率高、产蛋多、蛋个体重大，就必须抓好各环节的工作，做到饲养管理水平到位，加强科学饲养，尤其是要想方设法控制产蛋鸡全年死亡率在 5%～8%，可出售商品蛋占总产蛋量的 95% 以上，鸡场内破蛋率不超过 2% 等。

为了管理方便，通常人为地将蛋鸡的产蛋期分为四个阶段，即预产期、产蛋高峰前期、产蛋高峰期、产蛋高峰后期。

1. 预产期

顾名思义，就是产蛋的预先时期，通常是指达到 5% 左右产蛋率的时期，也就是指蛋鸡从第 150 日龄到 170 日龄的过渡时期，育成鸡由地面平养转入产蛋鸡舍立体笼养，此时将饲料逐步过渡到产蛋料，可按"七三、六四、五五"过渡，到开产时全部喂蛋鸡料。此阶段营养重点主要考虑能量、钙、磷，日粮的钙含量应由 1% 增加到 2%。此阶段增加钙量，可以增加蛋鸡体内钙的沉积，为后面产蛋高峰期的到来做好钙质的预存工作。这一时期鸡的卵巢和第二性征发育很快，采食量显著增加，必须任其自由采食，以满足其营养需要，尤其是补充能量需要量，通常做法是随着产蛋率的逐步提高而调整日粮中营养物质的供给量。这一阶段还应按照免疫程序做好鸡新城疫、禽流感、减蛋综合征等疫苗的接种，防止开产后免疫对母鸡产蛋产生影响。

2. 产蛋高峰前期

顾名思义，就是产蛋高峰到来前的时期，通常是指达到 5%～50% 左右产蛋率的时期，也就是指蛋鸡从第 170 日龄到 190 日龄的这段时期。这一段时期蛋鸡的产蛋率上升很快，经过 20 天左右群体便能迎接产蛋高峰期的到来。管理工作主要是饲料的科学提供，当产蛋率达到 5% ~ 10% 时，提前开始饲喂产蛋高峰期的饲料，饲料配方中的蛋白质和氨基酸是非常重要的因素。

3. 产蛋高峰期

顾名思义，就是产蛋高峰到来并维持的时期，通常是指达到 50% 开始直到产蛋高峰，然后从高峰期再下降到 5% 的时期，也就是指蛋鸡从第 190 日龄至 480 日龄的这段时期。这一时期，管理工作最主要的任务就是保持营养供给的稳定性，饲料配方中必须有足够的能量和其他营养成分，应增加蛋白质、蛋氨酸、赖氨酸、钙、磷和维生素 A、D、C、E 等营养物质。如添加 3% 鱼粉，把维生素添加到饲养标准的 2 ~ 3 倍，同时要根据产蛋率的上升和下降情况适当调整蛋白质的供给量。一般产蛋率在 85% 以上时，保证每日每只鸡蛋白质进食量为 18 克；当产蛋率降到 80% ~ 75% 时，每日每只鸡蛋白质进食量减至 16 克；产蛋率降到 70% ~ 65% 时，每日每只鸡进食 14 克蛋白质。如果日进食能量低于蛋鸡需要的摄入量，那么蛋鸡的产蛋率、蛋重则可能达不到标准要求。当然日粮的营养水平还要与蛋鸡所处的季节密切相关，例如夏季天热，蛋鸡食欲降低，采食量减少，在日粮中应适当提高蛋白质水平；冬季天冷，用于维持体温的能量需要增加，适当提高饲料的代谢能水平，不至于影响产蛋率。在管理上还要求环境的相对安静、舒服，确保温度、湿度符合要求。另外还要给予充足清洁的饮水，每只鸡要有 2.5 厘米的水槽位置。

4. 产蛋高峰后期

顾名思义，就是产蛋结束前的时期，通常是指产蛋率下降到 3% ~ 5% 的时期，也就是指蛋鸡从第 480 日龄到 510 日龄的这段时期。在此期间的管理工作也不能忽视，在饲料配方提供的蛋白质含量可以渐渐下降，减少养殖成本，当群体产蛋率不足 3% 时，要立即淘汰。

5. 做好四季管理

（1）做好春季的饲养管理。春季白天气温凉爽，空气流通性好，鸡体新陈代谢旺盛，是主要的产蛋旺季，每天的饲料供应量应高于其他季节的 10% ~ 15%。当然春季的管理工作也不能掉以轻心，主要是因为昼夜温差大，做好保温防寒工作，不能出现鸡群感冒现象。

（2）做好夏季的饲养管理。夏季温度高、空气燥热，因此要做好防暑降温工作。鸡舍通风良好，但要防止贼风进入鸡舍内。另外，供应的饲料要新鲜，加强对新鲜饲料的管理和消毒工作，防止变质，可喂一些青绿饲料。鸡舍内的供水不能间断，同时定期在饮水中添加一些营养成分。

（3）做好秋季的饲养管理。秋季秋高气爽，空气新鲜，是老鸡换羽、新鸡产蛋的季节，所以应及时供给充分的营养，饲料中应增加蛋白质、维生素、矿物质的含量。随着自然光照的缩短，要人工补充光照，确保产蛋鸡光照时间每天应达到 16 小时。

（4）做好冬季的饲养管理。冬季的管理相对比较简单，主要是气温偏低，注意保温保暖工作，另外要提高鸡饲料的能量含量，有助于鸡吃后增强抗寒能力。

6. 光照控制

光照管理是提高蛋鸡产蛋性能的重要技术之一，据研究，产蛋阶段光照保证在16小时。从育成期到产蛋期的光照不足16小时，就要及时增加光照，但是增加光照不能一蹴而就，而应采取循序渐进的方法，即以每周30分钟逐渐增加为宜，直至16小时再恒定下来。光照控制除了对时间的控制外，还要对光照强度进行科学控制，太强让蛋鸡有强烈的刺激感，不适于产蛋；太弱也不行，通常以每平方米面积3.5瓦特的光照量为宜，灯高1.8～2.0米，灯距是灯高的1.5倍，照明度要均匀。

开灯和关灯时也要注意一个适应的问题，不可突然打开或灭掉所有的灯，这样鸡群容易受惊，影响产蛋率。一是做到开灯与关灯的时间相对固定，可随着季节做适当调整，但调整的幅度不能太大，而且也要有一个调整的过程，以防鸡产生应激现象。二是在关灯时，应在15～20分钟内逐渐关灯，从里到外一个个地关灯，逐渐减弱亮度，给鸡一个信号，以使鸡找到适当的栖息位置。三是在开灯时也要从外向里一个个地开灯。

7. 集蛋工作

集蛋是蛋鸡养殖场的一项最主要的工作，也是收获效益的工作，要根据具体情况及时集蛋。

在正常情况下，蛋鸡在天亮后1小时至日落前的2小时产蛋，产蛋高峰期集中于天亮后的3～6小时，因此要适时集蛋。另外集蛋次数还与天气有关，天热时多集几次，每天可达5次以上，天凉时只要集蛋3次就可以。集蛋时，一是将脏蛋挑出，到时只要清洗就可以出售；二是破蛋单独放置，不可将蛋清、蛋黄沾在其他好蛋上，否则可能造成好蛋带菌甚至变质成臭蛋；三是集好的蛋不要乱放，以防打破，而是放在专用的集蛋箱上；四是集蛋时还是有技巧的，要将蛋大头向上；五是集好的蛋科学贮存，不要随意乱放在某个容器中，一般放在专用的贮蛋室内，保持室内的温度在18.3℃、相对湿度75%～80%。

8. 强制换羽

换羽是家禽的一个自然生理习性，实行人为强制换羽，可以缩短换羽时间。换羽后的产蛋量虽然低一点，但是产蛋率比较整齐，蛋的质量也好。最常采用的强制换羽方法是通过对饲料、光照时间和光照强度、水的控制，使鸡的生活环境发生突然的变化，鸡产生某种特定的应激性而换羽。主要强制换羽手段有饥饿法，就是采用停止供应饮水、同时停止供应饲料的方法，与此同时，光照时间也从正常的16小时下降到6小时，这种方式可以保证绝大部分蛋鸡及时换羽。

另外，还可以通过药物控制法达到强制换羽的目的。

值得注意的是，实行强制换羽的蛋鸡必须是健康的，而且是第一年产蛋良好的鸡，对于那些产蛋较差的鸡群则不应该强制换羽。在换羽时鸡群的死亡率为3%左右是正常的，不能超过5%。

9. 钙质补充

钙质供应对于蛋鸡是非常有作用的，充足的钙源一方面可以保证母鸡高产；另一方面可以增加蛋壳的硬度，从而降低蛋的破损率。产蛋高峰期日粮中含钙量保持在3.2% ~ 3.5%为宜，在高温或产蛋率高的情况下，含钙量可适当增加到3.7%。

目前普遍采用贝壳粉和石粉做钙源，日粮中贝壳粉和石粉的配合以2∶1较为适宜，这样蛋壳强度最好。另外，补喂沙砾也是很不错的选择，每周每100只鸡补喂0.5 ~ 1千克沙砾，可单独喂给或拌料喂给，效果很好。

10. 加强饲养管理

为了使鸡群在适宜的环境中获得适量的营养，维护鸡群健康，促进产蛋鸡高产稳产，必须加强日常的饲养管理工作。除了以上的管理重点外，还要加强日常饲养管理，主要包括以下几点：一是每日定时观察鸡群的精神，看看在采食、饮水、粪便方面是否正常。对有病症的鸡隔离饲养，及时对症处理，对瘦弱的鸡加强特殊照顾。二是根据鸡群的生产水平调整日粮中粗蛋白质、必需氨基酸、能量蛋白、钙、磷水平，以适应不同生长时期的要求。三是对蛋鸡定期进行甄选，对于那些不符合生产要求的鸡如病鸡、产蛋率低的鸡、有啄癖症的鸡、有啄蛋症的鸡坚决淘汰，减少饲料和管理费用。四是定期称重，可随机称量鸡群的体重，因为蛋鸡的体重与产量有密切关系，对照各周龄的体重标准，检查产蛋鸡的体重情况，分析产蛋存在的优势和劣势，并及时做出相应预案。五是维持相对稳定的环境条件，每天的喂料、集蛋、加水、开灯、关灯时间均应固定，饲养人员也要固定，饲养程序也要相应固定，不得随意更换。要维持鸡的生长处于一个相对稳定的环境中，才能充分发挥鸡群的生产潜力。

三、肉鸡饲养技术

（一）肉鸡品种的选择

商品肉鸡根据生长速度将肉鸡划分成快大型、中速型和土鸡三种类型，养殖户在养殖前要根据各种肉鸡品种的具体特点，再结合本地的资源进行选择，以求得最高经济效益。其中快大型是肉鸡养殖中最常选用的品种，具有生长速度快、饲养周期短、饲料报酬高、体形较大、产肉性能好的优点。中速型的肉味比较浓郁。土鸡的生长慢、肉质细嫩、肉味鲜美，深受许多大中城市的市民欢迎。

（二）肉鸡的饲养方式

肉鸡的饲养方式主要分为舍饲和放养两种。

1. 舍饲

就是在鸡舍内饲养，鸡舍可分为封闭式、半开放式和开放式三种，具体内容与前文相近。肉鸡的饲养方式又可以分为地面平养、网上平养和笼式饲养三种方式。

（1）地面平养

地面平养是目前最普遍的饲养方式，即在鸡舍地面上铺垫一定厚度的垫料，将肉鸡饲养在垫料上，任其自由活动。可以定期更换新鲜垫料，每周一次；也可以不更换垫料，每周添加两次新垫料，待饲养这一批雏鸡出售后才一次清除干净。地面平养可以节省劳力，投资少，设备简单。缺点是鸡群直接接触垫料和粪便，卫生条件不良，容易发生传染病。

（2）网上平养

网上平养是将肉鸡饲养在用竹片、板条、铁网特制的网床上，网床由床架、栅板和围网构成。一般栅板离地面50～60厘米。网上平养的优点是管理方便，劳动强度小，鸡群与鸡粪接触少，可减少白痢病和球虫病的发病率，缺点是一次性投资比地面平养大。

（3）笼式饲养

就是将肉鸡从出壳一直到出售都在笼内饲养。笼养鸡饲养密度高，鸡舍利用率高，便于饲养管理和机械化、自动化操作，节省能源、垫料和人力，有效地控制球虫病和白痢病的传染等。但由于一次性投资较大，所以，目前尚未被大多数饲养专业户采用，仅见于极少数大型养殖企业使用。

2. 放养

又称为散养、漫养，就是在竹园、茶园、草地、果树、树木、山场丰富的地方，不用圈养而让肉鸡自行觅食、自由采食的一种养殖方式。这是一种传统饲养和种养结合的好方法，目前山区、半山区发展放养鸡前景较好。

（三）肉鸡雏鸡的饲养

1. 做好饲养准备

在饲养肉鸡雏鸡前要做好饲养计划，包括进雏计划、全年养殖计划、每批出栏计划等；做好育雏舍的相关准备工作；做好设备与用具的准备工作；做好垫料准备工作。在做好这些工作之后，就可以开始进幼雏肉鸡了。

2. 运雏和选雏

肉鸡的雏鸡最好到信誉较好的种鸡场购买。选择主要通过一看、二摸、三听。看眼大有神，绒毛整洁鲜艳，脐口愈合良好、干燥，五官端正无缺陷，肛门清洁无污物；摸腹部大小适中、柔软有弹性，活泼、饱满，挣扎有力；听叫声响亮、清脆的鸡苗。运雏的车辆要保温、防风，同时防止雏鸡因缺氧死亡，现在主要使用雏鸡专用周转箱。

3. 加强育雏期的日常管理

科学的现代肉鸡生产饲养技术讲究实行全进全出制，在保证这个制度的前提下，这时期的管理工作与前文的育雏内容基本上是一致的，主要是做好温度与湿度的调控工作；及时开饮与开食；合理的放养密度；提供合适的光照；做好通风换气；及时断喙、断趾等。

（四）育成期的饲养管理

肉鸡育成期的饲养管理工作重点是提高鸡群的整齐度，加强管理，促进饲料的营养向鸡的肉质转化，以提高经济效益。

1. 把好脱温关

肉鸡经过脱温以后离开育雏室，自第 35 日龄起进入育成室养殖，此时期最适宜的温度一般保持在 15 ～ 25℃，冬季不低于 12℃，夏季不高于 26℃，相对湿度一般维持在 60% ～ 65%。在 12℃以下或 26℃以上，肉鸡的生长明显下降，而饲料转化率也随之呈下降趋势。

一般情况下白天可以停止保温，夜间和气温变化大时可适当加温，使鸡有一个逐渐适应过程。同时，注意通风换气，促进水分蒸发，及时排出有害气体。

2. 铺设垫料

铺设垫料是肉鸡养殖中必不可少的一项工作。垫料可用刨花或稻草，若用稻草做垫料，最好切成 5 ～ 6 厘米长。一般先在地上按每平方米撒 1 千克生石灰，再铺上 5 厘米 ～ 6 厘米厚的垫料。值得注意的是所提供的垫料必须清洁干净，切不可用发霉的垫料，而且在使用前一定先经消毒然后再暴晒 2 ～ 3 个太阳日照。

3. 光照管理

肉鸡在育成期对光照变化比较敏感，光照时间及强度均影响生殖器官的发育，因此要采取遮窗等措施，人为控制肉鸡的性成熟，一般中期的光照每天以 8 ～ 10 小时为宜，而后期可逐步延长光照达每天 14 小时。

4. 及时分群

为获得最大经济效益，肉鸡的饲养密度一般都比较大。但是，随着密度过大，鸡的个体也在长大，肉鸡的同比生长速度慢慢下降，饲料利用率也越来越低，这时就要根据个体大小进行分群，每群不宜超过 500 只，其密度一般控制在 8 ～ 10 只 / 平方米为宜，同时淘汰伤残鸡。

5. 限饲养殖

肉鸡在育成期还应实施限饲的养殖措施，确保其具有健壮的身体、旺盛的繁殖能力、强健的骨骼、发达的肌肉。限饲的方法有量的限饲和质的限饲两种，量的限饲也就是对鸡每天的投喂量进行限制，质的限饲是指对饲料的蛋白质含量进行适当降低。限饲期间，应充分供给饮水。

6. 其他管理措施

一是补充砂粒和青绿饲料，提高鸡群的消化能力。二是加强对料桶、饮水设备、鸡笼等一些基础设备进行经常性的清理消毒工作。消毒药可选用 2% ～ 3% 的热烧碱水溶液、5% 来苏儿、10% ～ 20% 的石灰乳、0.03% ～ 0.05% 百毒杀等。三是定期对肉鸡抽测称重一次，过重和过轻的鸡应分别采取不同的管理措施。

第二节　鸭的饲养管理技术

一、雏鸭饲养技术

从孵化出壳到30日龄的小鸭称为雏鸭，雏鸭绒毛少、体质弱、对外界环境适应能力差、调节体温的能力也差，而且雏鸭质量的好坏将直接影响以后的生长发育、成活率及成鸭的产蛋能力和利用价值。因此，要选择健壮的雏鸭，养好雏鸭需要适宜的温度、光照、饲养密度，以及清洁安静的环境、营养全面的饲料和干净的饮水。

（一）温度、湿度

温度的控制是雏鸭培育成功的关键因素之一，由于刚出壳的雏鸭御寒能力弱，育雏室温度高一点，随着日龄的增加，室温可逐渐下降。

群养育雏保温多采用红外线灯，一般每盏250瓦红外线灯可保温100～120只雏鸭。室温要求第一周28℃左右，第二周25℃左右，第三周22℃左右，第四周20℃左右，育雏温度应避免忽高忽低，相对湿度控制在60%～70%。

要注意的是，雏鸭特别怕烈日暴晒，经烈日暴晒后，很容易引起中暑而造成大批的死亡，因此，放养的雏鸭，在中午太阳光强烈时赶回鸭舍休息。

（二）光照

雏鸭的光照时间和光照强度也要给予满足，白天可以让雏鸭享受自然光照，晚上以人工光照补足。1周龄雏鸭光照时间24小时，也可以采取23小时光照加1小时的黑暗，可有效地防止突然停电引起的惊群现象，光照强度每平方米5瓦灯泡，灯泡高度离地面2米。2～3周龄雏鸭光照时间逐步减少，每天递减1小时达到每天光照10小时左右，4周龄起直至过渡到利用自然光照，同时光照强度也逐渐降到每平方米1瓦灯泡。

（三）育雏期饲养密度

饲养密度是随着雏鸭的日龄不同而有所减少，地面育雏1周龄每平方米40只左右；2周龄每平方米30只左右；3周龄每平方米20只左右；4周龄每平方米公鸭15只、母鸭20只；5周龄每平方米公鸭10只、母鸭15只；6周龄起每平方米公鸭4只，母鸭8只。不同的季节，饲养密度也有一定的差别。

（四）及时分群

雏鸭分群饲养是提高成活率的重要环节。为了便于管理，可根据饲养场地面积和饲养数量，及时将雏鸭实行分群饲养，一般以200只左右一群为宜。鸭的群体不宜过大，鸭群越大，相互干扰越大，雏鸭生长越慢，疾病传播越快，雏鸭的死亡率也越高。

在分群时应注意个体大小、强弱基本一致的为一群，对弱雏给予优先照料。分群可分为两次，第一次在雏鸭开饮前，根据出雏迟早、强弱分开饲养。第二次在开食3天后再次分群，可逐只检查，将吃食少的及弱小的雏鸭放在一起饲养，适当增加饲喂次数和环境温度。

另外，在分群时可考虑公母分开饲养。公鸭生长速度比母鸭快，体重也大于母鸭，采食量差异也较大，为使其更好地满足各自生长发育的营养需要，因此从4周龄起应公母分开饲养。

（五）雏鸭选择

1.饲养季节选择

在不同的饲养季节可以选择不同的雏鸭。春鸭3月—4月出雏，早春气温低育雏应保温，7月—8月可开产，入冬后易停蛋；夏鸭5月—6月出雏，育雏气温适宜，9月—10月可开产，翌年梅雨季易停蛋；秋鸭7月—8月出雏，气温由高到低易育雏，12月至翌年1月开产，全年高产。

2.个体选择

养殖者可根据当地习惯和市场需求，选择适宜的雏鸭品种饲养。不管是哪一种雏鸭，在选择时一定要注意挑选体躯硕大、头大颈粗、眼突有神、喙爪光泽、卵黄吸收良好、反应灵敏、活泼喜动的雏鸭，同时可观察雏鸭的行走，那些站立行走稳健有力、尾端不下垂、绒毛色泽鲜明的个体是好雏。

（六）开饮与开食

雏鸭的首次饮水称开饮，首次喂食则称开食，出壳雏鸭应掌握先开饮后开食的原则。开食时间一般在出壳后14～30小时进行。不同季节育的雏，开食时间也有一定的差异，如春鸭出壳后24小时进行，夏鸭宜在出壳后18～20小时进行，而秋鸭则可以延长到出壳后24～30小时进行，但在实际饲养过程中，常将1/3雏鸭有觅食行为时即可开食。开食可用夹生饭用洁净水洗去黏性后或潮湿的颗粒料，撒在清洁的塑料布上喂饲，让其自由采食。饲料也可用混合粉料或夹生饭、碎米，5日龄后加喂切碎的青饲料。对于不懂得吃食的雏鸭，应对其进行驯食。可以采取人工强饲的方法，反复调教，直到学会吃食为止。雏鸭在开食后的5天内，要采取"少喂多餐"的原则，每天可喂6～8次，以后逐渐减少次数。

开食前 1 小时先开饮，方法是将雏鸭置于竹篓内，慢慢浸入 15℃以上至自然水温的水盆中，让水浸没脚趾，在水中停留 5 ～ 10 分钟。具体停留时间与气温有密切关系，气温高时，时间可长些，气温低时可短些，气温低于 14℃时，要加点热水，以提高水温。让鸭喝上水，并尽可能不打湿鸭毛。饮水中加入 5% ～ 8% 的葡萄糖和适量的复合维生素 B 开饮，或者用 0.03% 高锰酸钾水饮 1 ～ 2 天，以后在饮水中加适量速补和多西环素或氟哌酸，以增强体质、补充营养、预防肠胃疾病和促进食欲。

要注意的是，雏鸭在任何时候都不能缺水。断水后鸭子感到口渴，一旦有水就会拼命抢水喝，由于饮水突然过多、过急，导致鸭的体液不平衡，容易出现昏倒、抽搐，甚至死亡。

（七）管理

1. 做好断喙爪、切翅尖的工作。有的鸭有发达的喙、坚硬的脚爪尖、飞翔的翅膀，往往有碍于管理，必要时可采取在 2 ～ 3 日龄时切翅尖（将翅骨末端骨节切除），在 2 ～ 3 周龄时进行断喙、断爪。但留种用的公鸭不宜断喙、断爪。

2. 对雏鸭的喂料、下水、入圈等都要定时定地，使其从小养成一套固定的管理习惯。

3. 经常打扫鸭舍内外的卫生，保持鸭舍的清洁、干燥，做到勤换垫草，勤清粪便。

4. 保持饮水卫生，饮水用具和喂料用具每次使用后及时清理、消毒、暴晒。

5. 随时注意防止雏鸭打堆，一经发现及时拨开，不能让雏鸭扎堆，否则引起疾病的传染和蔓延。

6. 病雏、死雏及时隔离或深埋。

二、蛋鸭饲养技术

饲养蛋鸭就是为了获取鸭蛋，只要是产蛋持久、产蛋率高的蛋鸭品种就是好鸭。由于蛋鸭每天产蛋都要带走和消耗部分能量，因此需要大量的各种营养物质补充，这是蛋鸭在饲料供应上要注意的。另外，蛋鸭通过前期饲养调教，对放水、喂料、休息和产蛋都很有规律，饲料原料的种类、光照操作时间等应保持相对稳定，如果突然改变就会引起产蛋下降。所以，一定要给鸭创造安静适宜的环境，做好饲养管理工作。

根据蛋鸭不同产蛋时期的管理特点和饲养技术，我们人为地将蛋鸭的整个饲养周期划分为产蛋初期、产蛋中期和产蛋后期，针对每个时期的具体特点，做针对性的管理工作。

（一）产蛋前的准备工作

1. 投喂准备

为了确保蛋鸭有足够的体力和精力产蛋，给予其充分的营养丰富的饲料是必需的，所以饲料供应的准备是前提。一般情况下，可根据饲养量提前准备一周左右的饲料，而且要根据不同生长阶段做好饲料配方转换的准备。

2. 供水准备

鸭子是水禽，一生都离不开水，由于采食量特别大，故对水的需求量也大。因此，供水的工作一定要做好，如果饲养场所有池塘的，一定要保证池塘水质良好、洁净、安全卫生，而且水量要充足；如果没有池塘的，一定要有充足的供水槽或供水桶，水量能满足鸭一天的需求，每天晚上鸭子入舍后，将剩余的水全部倒出，第二天换上新水。

3. 产蛋箱的准备

在蛋鸭开采前准备好产蛋箱，产蛋箱对于蛋鸭来说是非常重要的，它可以训练鸭子养成一个良好的产蛋行为，同时有利于集蛋，也能有效地防止其他动物偷蛋。

产蛋箱可以定制，也可以自制，要求的规格是深、高、宽均为40厘米，每3～4只母鸭可占用1个产蛋箱。

4. 其他的准备工作

其他的准备工作还包括提供蛋鸭磨碎谷物和螺蛳的沙砾、保持鸭舍清洁的垫料等。在鸭舍隐蔽处，用柔软的稻草建一定数量的产蛋窝，鸭产蛋一般在下半夜1～2时，凌晨前将蛋取走，以免母鸭恋窝影响产蛋。

（二）产蛋初期的饲养技术

产蛋初期是指蛋鸭从开产到产蛋率达50%以前的阶段，一般在120～150日龄。这阶段饲养管理重点是尽快把产蛋率推向高峰。

1. 重新分群

在蛋鸭临近产蛋前三天，可将蛋鸭重新分群。一是经过挑选，将不符合产蛋的母鸭和部分公鸭作为肉用鸭处理，立即上市；二是把留种用的母鸭单独分在一起，并按比例加入公鸭，组成专门的种鸭群，产蛋和种蛋的受精率及孵化率提高，下一代能更好更优良地繁殖，种苗更健壮；三是把不留作种用的蛋鸭进行分群，蛋鸭一般200～300只为一群，每群按5%的比例搭配公鸭，目的是通过异性刺激，促使母鸭卵泡发育加快，加速排卵而多产蛋。

2. 科学投喂

根据产蛋量的增加，提高饲料质量，增加日粮的营养浓度。在饲料中应给予充足的碳水化合物、蛋白质、矿物质，适当增加投喂次数，在白天喂3次的基础上，夜间9～10时再增喂一次，每只鸭平均每日采食配合饲料150克左右。

3. 合理增加光照

合理的光照时间和光照强度对于蛋鸭的产蛋是非常重要的。光照从120日龄起逐渐加长，每天增长幅度不能太大，一般以增长15～20分钟为宜，直至150日龄时达到16～17小时为止。白天可以利用自然光照，晚上需要人工光照补足，光照强度为每平方米鸭舍 5 瓦灯泡，灯泡离地 2 米高度为宜。

4. 加强观察

一是观察蛋鸭产蛋率的上升情况，在产蛋早期，随着时间的推进，产蛋率一天比一天上升，直到 30 天后上升到 50%，说明早期的管理是到位的；二是注意观察蛋重的增加，蛋鸭刚开采时，蛋的个头比较小，重量也相应较轻，随着产蛋率的上升，蛋重也相应增加；三是观察鸭子体重及蛋的质量是否正常，如果出现异常，可从饲料、环境、管理和疾病等方面查找原因，采取措施。

（三）产蛋中期的饲养技术

产蛋中期是指蛋鸭的产蛋率从 50% 迅速上升至产蛋高峰并维持一段时间，然后产蛋率逐渐下降，从而结束产蛋高峰期前的这一阶段。产蛋中期饲养管理的重点确保高产、稳产，防止应激，力求使产蛋高峰维持到 450 日龄左右。产蛋高峰期结束时间的迟早，有诸多因素，习惯以产蛋率从高峰下降到 70% 以下为高峰期结束。

这一阶段的管理着重以下四点：

1. 保持蛋鸭产蛋环境的绝对安静清洁，避免外来干扰骚乱惊群，稳定各项饲养管理操作程序。

2. 保持蛋鸭产蛋的最适温度。舍温维持在 5 ~ 30℃，低于 5℃时立即升温，高于 30℃设法降温。鸭舍位置宜坐北朝南。开窗通风或安装排风扇，鸭舍顶棚加隔热层，运动场和临时凉棚要架设防晒网，适当降低饲养密度，有利于防暑降温。同时，提倡早放鸭、迟关鸭，增加中午休息时间和下水次数，以刺激蛋鸭卵泡的发育。

3. 科学投喂。饲料的营养浓度比产蛋前期要略有提高，特别是产蛋高峰期粗蛋白应达 22% 左右。为了保证鸭蛋的质量和降低破碎率，在饲料中增加钙的含量，保持适宜的钙磷比例，同时补充一定量的蛋禽用多种维生素，适量喂给青饲料。

饲料除了保证新鲜卫生，多喂高蛋白、低脂肪饲料和水草外，须补充玉米、豆饼和蚕蛹等精料。蛋鸭开产前，每 50 千克饲料中拌入蜂蜜 1 千克，连喂 3 天，停 15 天，再喂 3 天。这个阶段鸭增重很快，为了不影响产蛋，蛋鸭体重应控制在 1.5 千克 ~ 2 千克。

4. 科学放牧。放牧可为蛋鸭补充小鱼、小虾、螺蛳等腥味食物。但要坚持"六不宜"，即不宜放空肚鸭，在放牧前适当喂些饲料，以免蛋鸭因饥饿而吞咽过多泥沙；不宜将蛋鸭赶走过快；不宜逆水放牧；不宜在喷药处放牧；不宜在涨水天放牧；不宜在公路、铁路旁放牧。鸭群受惊，可增加应激反应，除不让陌生人进入鸭舍捡蛋外，也不让猪、犬、猫、鼠等干扰鸭群。

（四）产蛋后期的饲养技术

产蛋后期是指蛋鸭的产蛋率从 70% 下降至产蛋结束的这一阶段。产蛋后期饲养管理的重点尽可能减缓鸭群的产蛋率下降幅度，使群体产蛋时间更久一点。

1. 科学投喂

这一阶段如果喂得好，蛋鸭的营养水平跟上，可以保持产蛋的时间更久些。根据鸭子体重和产蛋率确定饲料的质量和喂料量，如果产蛋率70%，而鸭子体重偏轻，应适当增加动物性蛋白质的含量和喂料量，目的是通过增加蛋鸭的营养来延缓产蛋机能的衰退。如果鸭群体重增加有过肥趋势时，应立即更改饲料配方，降低日粮的能量比例，或者通过控制采食量、或减精料增青料，增加青绿和糠麸类饲料，同时加强运动和洗浴。如果发现产下的蛋壳变薄，蛋重减轻，可在饲料中补喂鱼肝油。

2. 及时淘汰

按鸭的最佳产蛋日龄，从出壳到120日龄左右开产，第1个产蛋年的产蛋率最高，第2个产蛋年的产蛋率一般比第1年下降5%～10%，到第3个产蛋年则下降更多。因此，一旦发现群体产蛋率在50%以下而且有进一步下降的趋势时，可及时淘汰上市。

个体淘汰的判断，第1个生产年过后，就要根据鸭的产蛋情况淘汰低产老鸭。最可靠的办法是对那些初步确定为低产的鸭，进行连续摸蛋，即用手指顶触蛋鸭的泄殖腔产道口，触摸是否有蛋。将没有摸到蛋的鸭隔离饲养，到第2天、第3天再摸，如果连摸3～4次都无蛋，可以将其淘汰。

群体淘汰的判断，当蛋鸭养到500～600日龄时，养殖户就要根据市场上鸭蛋和饲料的价格判断老鸭是否有必要保留。若鸭蛋的销售收入大于老鸭的饲养成本，整个鸭群仍可饲养；否则，即应将这批鸭及时淘汰。

3. 防寒除湿

立秋后，根据气温的变化及时采取防寒保温的措施。鸭舍和运动场要勤打扫，为了防潮除湿，不要往鸭舍洒水，最好采用糠、灰垫圈。

4. 强制换羽

换羽是家禽的一种生理现象，在换羽期间大多数蛋鸭是不产蛋的，即使少数产蛋，蛋的质量也不好，不能用于孵化。如果任由鸭子自由换羽，时间一般长达3～4个月，不利于蛋鸭的养殖效益，因此有必要进行人工强制换羽。通过人工强制换羽后，可以把蛋鸭推进第2个产蛋期。

三、肉用鸭饲养技术

（一）育雏期的饲养

肉鸭的育雏期饲养管理与蛋鸭的育雏期基本上是一样的，只有两点略微不同，一是肉用雏鸭在育雏温度上要求更高一点，高1～2℃；二是饲养密度更低一点。其余基本相同，在前文已经讲述。

（二）育肥期的饲养

1. 育肥期的特点

肉鸭育肥期的特点有以下几点：

体重增加快：从肉鸭的体重和羽毛生长规律看，一般在 25 日龄后体重快速增加，45 日龄左右达到最高峰。

适应性强：育肥期的肉鸭随着日龄的增长，体温调节能力增强，同时消化能力也增强。

性器官发育快：在育肥期的肉鸭，由于营养丰富，鸭的性器官发育很快，这时应严格控制鸭过快性成熟，促进产肉性能。

2. 育肥方法

肉鸭的育肥方法有多种，各地养殖户可根据自己的实际情况综合利用，以求最大的经济效益。

（1）圈养育肥

随着日龄增加，肉鸭的体重增长迅速，食欲和饮水量增大，需要及时增设料盆和水盆，确保每只鸭子有足够的采食和饮水位置，一昼夜饲喂 4 次，定时定量。为提高瘦肉率，降低饲养成本，母鸭在 55 日龄、公鸭在 65 日龄时开始控制喂饲，只给自由采食量的 90% ~ 95%，这种方法具有生长快、出肉率高、育肥期短的优点。

（2）放牧育肥

主要结合夏收和秋收，在水稻或小麦收割后，将肉鸭赶至田中，觅食遗落的籽粒和各种草籽以及小昆虫，具有成本低、耗料少的优点。麻鸭品种多采用这种方法。

（3）舍饲育肥

和圈养育肥基本上一致，不同的是圈养的区域相对较大一点，一般有水塘供应，而舍饲则相对小一点，要靠人工每天提供并更换饮水，其他在饲料供应和投喂方式上是一样的。

（4）填喂育肥

主要是用人工方法填喂鸭子，强迫鸭子吃下大量高能量的饲料，促进肉鸭在短时间内快速积累脂肪和增加体重，北京鸭和大部分杂交鸭都采用这种方法育肥。

3. 加强饲养管理

（1）饲料供应

规模化肉鸭生产的很重要的一个特点就是用富含蛋白质和能量较高的饲料饲喂专门化的肉用型鸭种，使其快速生长育肥，体重达 2 ~ 4 千克。由此可见，没有高质量的饲料和不合理地使用饲料是不能高效养殖肉鸭的。肉鸭在育肥阶段应适当增加能量饲料比例，饲料参考配方（%）：玉米 60、四号粉 9、麸皮 8、细糠 8、豆饼 13、鱼粉 2，另加矿物质维生素适量。

（2）饲养密度

肉鸭在育肥期的饲养密度要适当降低，一般为每平方米 8 ~ 10 只，如果育雏结束直接将雏鸭入舍饲养，则密度按成鸭的饲养密度，即每平方米 6 ~ 8 只。

（3）控制光照

可以充分利用自然光照，为放便管理和鸭子夜间饮水，防止鼠害等，舍内可通宵微弱照明，一般光照度为每平方米 0.3 ~ 0.5 瓦灯泡即可。

（4）加强锻炼

利用喂料、饮水、加铺垫草和赶鸭转圈运动等机会，多接触鸭子，提高鸭子的胆量，防止鸭子惊群。

（5）注意清洁

肉鸭在育肥饲养中后期排粪量大，极易污染鸭舍，须特别注意鸭舍的清洁卫生。如果是热天饲养，应每日用水冲洗鸭舍 2 次以上；如果是冷天饲养，每天换垫草、稻壳等 3 次以上，不要让鸭睡在粪上。否则，鸭子胸腹部的羽毛沤烂掉，或成为粪鸭。

（6）抓好鸭病防控

主要做法是切实做好卫生消毒工作、免疫接种工作、病死鸭的处理工作和科学用药工作。

第三节　鹅的饲养管理技术

一、雏鹅饲养

与所有家禽饲养一样，鹅的饲养也分为雏鹅、中鹅及育肥鹅阶段，若留作种用的加种鹅阶段。雏鹅饲养是养鹅生产的基础，也是养鹅的关键。初期应实行舍饲，逐步向放牧过渡。舍饲主要喂给水、草、料，应遵循精细加工、少给勤添的原则。

雏鹅一般是指从出壳到 28 日龄之间的小鹅。雏鹅的特点是个体小、身体发育不健全、体温调节机能尚未完全，对外界温度的变化适应力很弱。所以育雏阶段的饲养管理将直接影响雏鹅的生长发育和成活率，继而影响到中鹅和种鹅的生产性能。

（一）雏鹅选择

应选择种禽场或孵化场生产的优质雏鹅作为养殖品种，一般农户以选择适合本地饲养的品种或杂交鹅饲养。雏鹅要活动有力，头能抬得很高，反应灵敏，叫声响亮。当人用手握其颈部时，雏鹅挣扎有力。

（二）进雏鹅舍前的准备

1. 用具准备

准备好育雏的加温设备和育雏用具。饲养用具如竹篱等是木质或竹质的，可用 2% 的氢氧化钠喷洒或洗涤后再用清水冲洗干净。料槽、饮水器等可用消毒王洗涤后，再用清水冲洗干净。保温覆盖用的棉絮、棉毯、麻袋等，在使用前须经阳光暴晒两天。

2. 垫料准备

应准备好垫料或垫草，如锯末或干稻草或其他农作物秸秆。垫料要干燥、松软、无霉烂，厚度不少于 5 厘米，垫料应洁净。

3. 饲料、药品的准备

在雏鹅入室前准备好开食饲料、补饲饲料及相关的常备兽药。

4. 预温

雏鹅舍的温度达到并保持在 15 ~ 18℃时才能进雏鹅，因此在进雏前 24 小时给育雏室进行预先加温。

（三）雏鹅运输

现在雏鹅运输时多采用竹篾编成的篮筐装运雏鹅，装雏鹅前，筐与垫草进行暴晒、消毒，1 只直径为 50 厘米、高 25 厘米的竹筐约放 45 只雏鹅。装运时温度保持在 25 ~ 30℃，要加强检查，防止拥挤，减少振动，避免雨淋、风吹。

（四）育雏

1. 自温育雏

利用雏鹅自身散发出的热量保持育雏温度，达到培育幼雏的目的，这种方式适用于养鹅数量较少的农户。用稻草编成篓筐，内铺垫草、棉絮等保暖物，将雏鹅放在筐内，外面罩上麻袋等保温设施。温度达 15℃以上时，可在白天将幼雏取出，晚上放回草筐内；如果室温低于 15℃时，白天、晚上都放在草筐内。

2. 地面平养育雏

在育雏室的地面上铺上清洁的垫料后，将雏鹅放在上面进行培育，这种方法适用于规模饲养。

3. 网上育雏

在育雏室里建网架，将雏鹅放在网架上进行培育，这是高密度培育方法，可控性强，育成率高。

（五）饲养管理

1. 保温降湿

温度对雏鹅的生长发育和提高成活率具有决定意义，是雏鹅培育管理中最重要的工作之一。由于雏鹅体小娇嫩，调节体温能力差，对外界环境适应能力不强，因此一定要做好保温降湿工作。育雏室温度第一周 28 ~ 26℃，第二周 26 ~ 24℃，第三周 24 ~ 21℃，第四周 21 ~ 18℃，此后可脱温。保温期的长短，因鹅的品种、健康状况、鹅群大小、饲养季节和所处的地理位置不同而略有差异，掌握温度原则，小群略高，大群略低；弱雏略高，强雏略低；夜间略高，白天略低；冬天略高，夏秋略低；阴凉天气略高，晴暖天气略低。相对湿度为 60% ~ 70%。

2. 密度与分群

雏鹅密度要适宜，太低不利于提高养殖效益，太高容易"扎堆"，直接影响雏鹅的生长发育与健康，甚至造成相互挤压而死亡。实践表明，不同阶段合理的饲养密度为，1 周龄 15 ~ 20 只 / 平方米，2 周龄 10 ~ 15 只 / 平方米，3 周龄 8 ~ 10 只 / 平方米，4 ~ 6 周龄 5 只 / 平方米。

在养殖过程中，及时根据雏鹅的大小、强弱进行分群饲养，一般每群 100 ~ 120 只，分群的目的：一是强化对弱群加强饲养管理，提高整齐度；二是便于照顾。3 周龄后可并群饲养，每群 300 ~ 400 只。

3. 光照时间与强度

所有的家禽幼雏都对光照要求敏感，雏鹅也不例外。其要求 1 ~ 7 日龄 24 小时光照，光照强度为每平方米 5 瓦灯泡，灯泡高度离地面 2 米；8 ~ 15 日龄 17 ~ 18 小时光照，光照强度为每平方米 3 瓦灯泡；16 ~ 25 日龄 14 ~ 16 小时光照，光照强度为每平方米 2 瓦灯泡；25 日龄后利用自然光照。

4. 开饮

雏鹅出壳 24 小时后，在育雏室内适当休息，当绒毛已干并能站立、伸颈张嘴时，便可饮第一次水，俗称"潮口"，这是雏鹅饲养的第一关。饮水器内水深 3 厘米为宜，饮水要清洁，最好是凉开水，水温以 25℃左右，饮水可用 0.05% 高锰酸钾水或 5% ~ 10% 葡萄糖水等，也可用清洁饮用水，连饮 7 天，可预防消化道疾病。

5. 开食

要掌握先开饮后开食的原则。开食必须在潮口后雏鹅起身有啄食行为时进行，一般是在开饮后半小时，适时开食还能促进胎粪排出，刺激食欲。可用半生半熟的米饭（用冷开水洗去黏性）加切细的嫩青绿饲料，青饲料要求新鲜、幼嫩多汁，以莴苣叶、苦荬菜为佳，除去烂叶、黄叶、泥土和茎秆后，切成 1 ~ 2 毫米的细丝。撒在塑料布上或小料槽内，引诱雏鹅自由采食。饲喂以八成饱为宜。

6. 舍饲

在鹅舍内培育幼雏，要加强饲喂管理，既不能让雏鹅贪吃，也不能让雏鹅饥饿。饲料配比与雏鹅大小和日龄密切相关，10 日龄前精饲料与青饲料比例为 1：2 ～ 1：4，先喂精饲料后喂青饲料；10 日龄后精青比为 1：4 ～ 1：6，青料精料可混合喂。精料可用小鸡料，自配料应添加矿物质补充磷钙。每天投喂次数也与日龄有关，1 ～ 2 日龄喂 6 ～ 8次，3 ～ 10 日龄喂 8 次，11 ～ 20 日龄喂 6 次，其中夜间各喂 2 次，20 日龄以后喂 4 次，其中夜间喂 1 次。

7. 放牧

春季雏鹅在 1 周龄后可以放牧，冬季 2 周龄左右。在放牧前选好放牧场地，要求离鹅舍近、道路平坦、水质干净无污染、草鲜嫩、噪音小。雏鹅初次放牧的时间，可根据气温而定，选择晴朗天气，最好在外界气温与育雏室温度接近、风和日丽时进行，放牧前喂少量饲料，放牧时间不超过 1 小时。随着日龄增大，逐渐延长放牧时间，上午在草上露水干后放牧，下午收鹅时间早些。3 周龄后，天气晴暖，可整天放牧。为满足营养需要，应适当补饲精料。放牧时注意雏鹅的安全，防止鼠、蛇的侵害。

8. 放水

春季雏鹅在 5 日龄后可以放水，冬季 10 日龄左右，在气温适宜时，可在清洁的浅水塘内第一次放水。第一次放水时间不超过 10 分钟，时间应在下午 3 ～ 4 时进行。先让雏鹅在水池边草地上自由活动半小时，让其下水活动，再赶上岸让其梳理绒毛，待羽毛干后及时将雏鹅赶入鹅舍。随着日龄增大，逐渐延长放水时间。

二、中鹅饲养

中鹅阶段是鹅骨骼、肌肉、羽毛快速生长的阶段，需要的营养物质多，消化能力强，吃食量大，因此这一阶段的主要任务就是加强放牧和补充优质饲料，提供良好的营养物质，培育出适应性强、耐粗饲、增重快的鹅。

（一）中鹅的饲养

中鹅的饲养方式通常有三种，即放牧饲养、放牧与舍饲相结合、关棚饲养。生产上多采用放牧与舍饲相结合的方式，因为这种方式所用饲料与工时最少，又可节约精料，降低成本，经济效益较好。

"养鹅不怕精料少，关键在于放得巧"，鹅农的这句话充分说明放牧在养鹅中的意义。现代养鹅技术仅凭放牧也不行，必须将放牧和舍饲有机结合在一起，才能取得好效益。

为了保证鹅能采集到大量适口的青绿饲料，放牧时应选择在水草丰富的草滩、河滩、湖畔、丘陵和收割后的麦田、稻田等地，草质要求比雏鹅低些。对于牧场的选择，鹅农有句口头禅，"春放草塘、夏放麦场、秋放稻田、冬放湖塘"，为我们放牧提供了参考价值。

另外，牧地要开阔，最好附近有水源，因为鹅吃完后就要喝水，放牧时间越长越好，早出晚归或早放晚宿，以适应鹅多吃快排的特点。

牧群的大小一般以 250 ~ 300 只为宜，在放牧前对鹅群进行检查，发现病弱鹅及时隔离出来，进行专门的照顾和治疗。放牧时鹅呈狭长方阵队形，出牧和回棚时赶鹅速度宜慢，特别是吃饱以后的鹅。

（二）中鹅的管理

1. 及时补饲

中鹅的饲料投喂以"放牧为主、以粗代精、青粗为主、适当补饲"的原则，因此在放牧的基础上，及时补饲富含蛋白质和碳水化合物的配合饲料。在舍饲时，通常在日粮中加入 30% ~ 40% 的优质牧青草和全价配合饲料拌在一起投喂，任中鹅自由采食、自由饮水；在放牧时，可在早上投喂精饲料，然后进行放牧，到晚上归圈时再投喂精饲料。

2. 注意安全

中鹅常以野营为主，故而要用竹、木搭架作为临时性鹅棚，能避风遮雨即可，一般建在水边高燥处，采用活动形式，便于经常搬迁。如天气炎热，中午应让鹅在树荫下休息，防止中暑。50 日龄以下的中鹅羽毛尚未长全，要避免雨淋。

另外在放牧时也要注意安全，避开恶劣天气，放牧区绝对不能有污染，被农药污染的牧地和水源，1 周内不能放牧。

3. 注意驱虫

由于水草上常有剑水蚤等寄生虫，应定期进行驱虫，将硫双二氯酚等驱虫药，用量为每千克体重 200 毫克，拌在饲料中晚上喂给中鹅。

三、种鹅饲养

饲养种鹅的目的就是为了获得尽可能多的优质蛋源，只有种蛋源优质，才能保证孵化出的后代雏鹅健康，育肥鹅的生产才能得到保障，经济效益才越高。

（一）种鹅的选择

要提高种鹅的质量，选择好合格的种鹅是关键。

1. 选种时间

留作种用的鹅应经过三次选择，第一次选择在 28 日龄进行，第二次选择在 70 ~ 80 日龄进行，第三次选择在 150 ~ 180 日龄进行。

2. 品种优良

留作种用的鹅应选择品种优良，能表现出该种优良性状的个体，对于遗传基因有退化趋势的鹅要淘汰，不能留用。

3. 选种质量

首先要选择健康、无伤残的鹅；其次是把体形大、生长发育良好、符合品种特征的鹅留作种用。

4. 选种比例

不同的鹅种选留比例是有一定差异的，但总的来说，相差不大，一般而言，成年鹅个体越大，公母比例就越小。选留公母比例为大型鹅种 1 ：3 ~ 1 ：4，中型鹅种 1 ：4 ~ 1 ：5，小型鹅种 1 ：6 ~ 1 ：7。

（二）后备种鹅的饲养

后备种鹅是指日龄达到 70 ~ 80 天至开产前的这一时期的公鹅和母鹅。饲养管理的重点是以放牧为主、补饲为辅，并对种鹅进行限制饲养，以达到适时的性成熟为目的。

1. 前期的饲养

这是指 70 ~ 100 日龄这一时期，鹅处于生长发育和换羽时期，需要较多的营养物质，应以舍饲为主、放牧为辅，保证鹅有必需的营养需求。不宜过早进行控制饲养，应根据放牧场地草质的好坏，逐渐减少喂饲的次数，并逐步降低日粮的营养水平，逐步过渡到中期饲养阶段，使鹅的机体得到充分发育。一般早上放牧至 9 时，补充一次精料，并投喂青料，让其自由采食；下午 2 时投喂一次精料，然后放牧至天黑前回舍，给第三次精料。后程要减少投喂次数，可以减少下午 2 时的投喂。

2. 中期的饲养

这个阶段就是控制饲养阶段，由于个体存在的差异，导致规模饲养时，种鹅的生长发育不可能完全一致，开产时间也是参差不齐。因此，这一阶段应对种鹅采取限制饲养，可适时达到开产日龄，比较整齐一致地进入产蛋期。控制饲养阶段从 100 日龄开始至开产前 50 天结束，大约 60 天的时间。

这个阶段的管理很重要，就是公鹅和母鹅要分开饲养，按各自生长特性分别补料、分别管理，同时也可防止早熟鹅过早交配。另外还要注意观察鹅群动态，随时观察鹅群的精神状态、采食情况等，发现弱鹅、伤残鹅等及时剔除，对弱小鹅单独饲喂和护理。搞好鹅场的清洁卫生，每天清洗食槽、及时换铺垫草，保持舍内干燥。放牧时应早出晚归，避开中午酷暑，早上天微亮就应出牧，上午 10 时左右将鹅群赶回圈舍，或赶到阴凉的树林下让鹅休息，到下午 3 时左右再继续放牧，待日落后收牧。

3. 后期的饲养

这个阶段也称恢复饲养阶段，时间是从控制饲养的种鹅在开产前 50 ~ 60 天进入恢复饲养阶段，大约 30 天。此时种鹅的体质较弱，应逐步提高补饲日粮的营养水平，并增加喂料量和饲喂次数，在饲养上逐步由粗变精，补饲只定时不定量、也不定料，做到饲料品种多样化。日粮蛋白质水平控制在 15% ~ 17% 为宜，及时补充矿物质和维生素，促进种鹅的性腺发育。经 20 天左右的饲养，种鹅的体重可恢复到限制饲养前的水平。

这个阶段种鹅开始陆续换羽，为了使种鹅换羽整齐和缩短换羽的时间，可在种鹅体重恢复后进行人工强制换羽，即人工拔除主翼羽和副主翼羽。拔羽后应加强饲养管理、适当增加喂料量，让其自由采食，进入临产状态。对公鹅提前进行补饲精料，拔羽期可比母鹅早2周左右进行，以保证公鹅有充沛的精力、旺盛的性欲，促进种鹅整齐一致地进入产蛋期。

要注意的就是，在这一时期要逐渐减少放牧时间，相应增加舍饲时间。

（三）产蛋鹅的饲养

1.产蛋前期

这一阶段的重点工作，一是在开产前15天对母鹅逐只进行小鹅瘟疫苗注射，目的是提高母原抗体；二是加强投喂，全部投喂产蛋期的全价配合饲料；三是增加光照时间和光照强度，采用逐日增加光照20分钟的方法，最后达到16～17小时的光照时间；四是做好公鹅和母鹅的配种，公母比例视品种不同而异，一般为1∶6～1∶9。

2.产蛋期

这一阶段的饲养管理重点是提高种鹅的产蛋量和蛋的受精率。

一要加强饲喂，白天喂2～3次，晚上加喂1次，日粮中蛋白质水平应增加到17%～18%，有利于提高母鹅的产蛋量。

二要科学配种，以自然配种为主，在条件允许下，可以考虑人工配种，可大大减少公鹅饲养，提高养鹅效益。

三要加强调教，母鹅有择窝产蛋的习惯，所以在开产前2周设置好产蛋箱，并有意训练和调教母鹅在产蛋箱或产蛋室产蛋的习惯，以减少拾蛋麻烦和丢失鹅蛋。

四是种蛋收存要勤检查，勤拾蛋，保持蛋表面清洁并消毒，存放在温度10℃、相对湿度65%～75%的蛋库内，存放时大头向下。

3.休产期

鹅一年的产蛋期一般为8～9个月，当然不同的品种、不同的饲养气候，产蛋期也有一定差别，但所有的种鹅都存在休产期。这段时间的管理要点主要是减少日粮的供应，降低饲养成本，通过多种方法实现强制换羽，拔去翅膀和尾部的大毛，一次拔完，有利于缩短换羽的时间及换羽后产蛋比较整齐。在强制换羽期间，公母鹅必须分群饲养，公鹅的强制换羽应比母鹅提早20天。

第五章　畜禽常见疾病及防治

第一节　传染病的概念及防控措施

一、传染病概念

传染病是指由特定病原微生物引起，具有一定的潜伏期和临诊表现，并能在人与人、动物与动物或人与动物之间进行相互传播的疾病。其病原包括病毒、细菌、立克次氏体、衣原体、霉形体和真菌等微生物。

二、传染病特点

（一）具有特定的病原体

每一种传染病都由一种特定的微生物所引起，而且宿主谱宽窄各不相同。如猪瘟和炭疽分别是由猪瘟病毒和炭疽杆菌所引起的，猪瘟只能感染猪属动物，而炭疽则几乎能感染所有哺乳动物；口蹄疫是由口蹄疫病毒引起的，但只感染偶蹄类动物。

（二）具有传染性

病原微生物能通过直接接触（舐、咬、交配、触碰等），间接接触（空气、饮水、饲料、土壤、授精精液、乳汁等），生产媒介（畜舍用具、污染的手术器械等），活体媒介（节肢动物、啮齿动物、飞禽、人类、两栖爬行动物等）等，从已感染的动物传到健康动物，引起相同疾病。

（三）具有流行性

可以在个体之间、群体之间或不同种群间交叉传播蔓延。

（四）具有特征性症状

分别侵害一定的器官、系统乃至全身，表现特有的病理变化和临诊症状。

（五）具有免疫性

动物感染后，部分动物多能产生免疫生物学反应（免疫性和变态反应），人类可借此创造各种方法来进行传染病的诊断、治疗和预防。

（六）具有自然疫源性

多数疫病具有区域性，即使没有人和动物的参与也可以通过传播媒介感染动物而造成流行，并长期在自然界循环延续。

三、传染病危害

1. 会造成畜禽大批死亡，给养殖户、养殖企业造成一定的经济损失。

2. 会造成畜禽产品减少，引起畜禽产品市场价格波动。

3. 会引起整个产业链的连锁反应，影响畜禽养殖业、粮食种植业、饲料加工业和畜产品加工业的健康发展。

4. 大流行时会跨地区、国家，给各国人民造成严重经济损失。

5. 会引起人畜共患病，直接危害人类健康。

四、传染病防疫措施

动物传染病的流行是一个复杂的矛盾运动过程，它是在社会因素和自然因素的影响下，通过传染源、传染途径和易感动物三个环节相互联系而造成的。因此，我们必须采取综合性防疫措施，消除或切断流行过程的某一环节，来阻断动物传染病的发生和流行。

（一）预防

预防就是平时经常进行的，以预防传染病的发生为目的，采取各种措施将疫病排除于一个未受感染的动物群之外。通常包括采取隔离、检疫等措施不让传染源进入目前尚未发生该病的地区，采取集体免疫、集体预防性治疗及环境保护等措施，保障一定的畜群不受已存在于该地区的疫病传染。

（二）防治

以控制、消灭已经发生的传染病为目的。就是采取各种科学措施，减少或消除疫病的病原，以降低已出现于畜群中疫病的发病率。

（三）传染病的消灭

这意味着一定种类病原体的消灭。要从全球范围消灭一种疫病是很不容易的，但在一定的地区消灭某些疫病，只要认真采取一系列综合性兽医防疫措施，经过不懈努力是完全可以实现的。疫病消灭应具备的条件：①没有其他动物（包括野生动物）作为贮存宿主；②潜伏期不排病原体；③仅有一个或少数几个稳定的血清型；④有安全有效的疫苗；⑤免疫后动物获得极强的免疫力，无复发感染；⑥严格加强饲养管理，认真做好防范措施。

（四）疫病的净化

疫病的净化是指通过采取检疫、消毒、淘汰或扑杀等措施，使某一地区或养殖场内的某种或某些动物传染病在限定时间内逐渐被清除的状态。这是疫病消灭的基础和前提条件。

（五）兽医生物安全

兽医生物安全指采取必要的措施切断病原体的传入途径，最大限度地减少各种物理性、化学性和生物性致病因子对动物群造成危害的一种措施。其内容包括动物及养殖环境的隔离、人员和物品的流动控制以及疫病控制等。

五、防疫工作的原则和内容

（一）原则

1. 坚持党政领导，建立健全各级防疫机构，特别是基层兽医防疫机构。
2. 坚持"预防为主、养防结合、防重于治"的方针。

（二）平时的防疫措施

1. 坚持自繁自养的原则，防止传染源的散播。
2. 加强饲养管理，增强动物机体自身的抵抗力。
3. 定期预防注射疫苗及随时补注，提高机体的特殊抵抗力。
4. 搞好检疫，及时发现并消灭传染源。
5. 搞好舍内、外卫生，对畜舍、饲养用具等做好定期消毒和临时消毒。
6. 组织好定期灭鼠、杀虫工作。
7. 肉用动物在屠宰前后须经兽医检查，认为无传染病时才可以屠宰和食用，以免危害人畜的健康。
8. 与附近县、乡、地区建立联防区。

（三）传染病的扑灭措施

1. 及早诊断，上报疫情，并通知邻近单位做好预防措施。
2. 迅速隔离病畜，对病畜进行及时合理的治疗，对受传染病危害严重的地区要封锁。
3. 紧急预防接种，对已有特异性免疫方法的传染病，应以其疫苗或血清对假定健康的或受威胁的家畜进行紧急预防接种，对个别传染病可用药物预防。

（四）消毒

消毒是指为了防范病原体入侵动物机体，而运用正确的消毒方法和消毒药品，对畜禽生产场所（或动物机体）进行的针对性的防范工作。

1. 根据消毒目的可分为：预防性消毒、随时消毒和终末消毒。

2. 消毒方法：包括机械性清除、物理消毒法、化学消毒法和生物热消毒法。

3. 常用消毒剂：①高效消毒剂：能杀灭所有微生物（各种细菌繁殖体、细菌芽孢、真菌、结核杆菌、囊膜病毒和非囊膜病毒等），常用的有碱类、过氧乙酸、环氧乙烷、甲醛、戊二醛、碘制剂及有机汞类。②中效消毒剂：能杀死除细菌芽孢以外的细菌繁殖体、真菌和病毒等，如乙醇、氯制剂。③低效消毒剂：可杀死部分细菌繁殖体、真菌和囊膜病毒，不能杀灭结核杆菌、细菌芽孢和非囊膜病毒，如季铵盐类等阳离子表面活性剂（洗必太、新洁尔灭等）。

第二节　牛羊常见疾病及防治

一、口蹄疫

口蹄疫俗名"口疮"，属于一类动物传染病，是由口蹄疫病毒所引起的偶蹄类动物的一种急性、热性、高度接触性传染病。其特征为口腔黏膜、蹄部和乳房皮肤发生水疱和糜烂。该病毒对外界环境的抵抗力很强，在冰冻情况下，血液及粪便中的病毒可存活150天左右。但其在正午阳光直射下30～60分钟即可被杀死；对病毒持续升温至85℃15分钟，煮沸3分钟以上即可杀死；该病毒对酸碱作用敏感，30%的热草木灰、1%～2%氢氧化钠、1%～2%甲醛等都是很好的消毒剂，能够杀死口蹄疫病毒。

（一）流行特点

犊牛对口蹄疫病毒最易感，骆驼、绵羊、山羊次之，猪也会感染发病。本病具有发病急、流行快、传播广、危害大等流行病学特点，疫区发病率为50%～100%，犊牛死亡率较高，其他则较低。病畜和潜伏期动物是最危险的传染源。病畜的口涎、泪液、水疱液、乳汁、尿液和粪便中均含有病毒。该病入侵途径主要是经消化道，也可经呼吸道传染。本病无明显的季节性，春秋两季较多，尤其是春季。

（二）临床症状

口蹄疫的潜伏期为2～7天，病牛表现精神沉郁、闭口、流涎，开口时有吸吮声，体温可升高到40～41℃。发病1～2天后，病牛齿龈、舌面、唇面可见到蚕豆样大的水疱，涎液增多并呈白色泡沫状挂于嘴边。采食及反刍停止。水疱约经一昼夜破裂，形成溃疡，这时病牛体温会逐渐降至正常。在口腔发生水疱的同时，趾间及蹄冠的柔软皮肤上也发生水疱，会很快破溃。有时在泌乳牛乳头皮肤上也可见到水疱。本病一般呈良性经过，经一周左右即可自愈，若蹄部有病变则可延至 2 ~ 3 周。有些病牛在水疱愈合过程中，病情突然恶化，表现出全身衰弱、肌肉震颤、心跳加快、食欲废绝、反刍停止、行走摇摆、站立不稳等症状，最后因心脏停搏而突然死亡。犊牛发病时往往看不到特征性水疱突然死亡，主要表现为出血性胃肠炎和心肌炎，死亡率高。

（三）防治

因口蹄疫会引起人的心肌病，目前发现肉牛、奶牛口蹄疫疫情时都不采取治疗，而是直接扑杀。对于边远山区的牛羊和猪分布比较分散，不易引起扩散，可以对症及时治疗。

1.病畜疑似口蹄疫时，应立即报告兽医机关，所用器具及污染地面用 2% 苛性钠消毒。确认后，立即进行严格封锁、隔离、消毒及防治等一系列工作。发病畜群扑杀后要进行无害化处理，工作人员外出要全面消毒，病畜吃剩的草料或饮水，要烧毁或深埋，畜舍及附近用 2% 苛性钠、二氯异氰尿酸钠（含有效氯 ≥ 20%）、1% ~ 2% 福尔马林喷洒消毒，以免散毒。

2.病初，即病畜口腔出现水疱前，用血清或耐受过的病畜血液进行治疗。对病畜要加强饲养管理及护理工作，每天要用盐水、硼酸溶液等洗涤口腔及蹄部。要喂以软草、软料或麸皮粥等。口腔有溃疡时，用碘甘油合剂（1：1）每天涂搽，涂 3 ~ 4 天。蹄部病变，可用消毒液洗净，涂甲紫溶液（紫药水）或碘甘油，并用绷带包裹，不可接触湿地。

3.定期注射口蹄疫疫苗。对疫区周围牛羊，选用与当地流行的口蹄疫毒型相同的疫苗，进行紧急接种。

二、结核病

牛结核病是由牛型结核分枝杆菌引起的一种人畜共患的慢性传染病，我国将其列为二类动物疫病。以组织器官的结核结节性肉芽肿和干酪样、钙化的坏死病灶为特征。病原对干燥和湿冷的抵抗力强，对热的抵抗力差，在 60℃的温度下 30 分钟即死亡，在 70% 酒精或 10% 漂白粉中也会很快死亡。

（一）流行特点

结核病畜是主要传染源，结核杆菌在机体中分布于各个器官的病灶内，因而病畜能由粪便、乳汁、尿及气管分泌物排出病菌，污染周围环境且散布传染。牛结核病主要经呼吸道和消化道传染，也可经胎盘传播，或交配感染。牛对牛型菌易感，其中奶牛最易感，水牛易感性也很高，黄牛和牦牛次之；本病一年四季都可发生。一般说来，舍饲的牛发生较多。畜舍拥挤、阴暗、潮湿、污秽不洁以及过度使役和挤乳、饲养不良等，均可促进本病的发生和传播。

（二）临床症状

牛结核病潜伏期一般为 10 ~ 15 天，有时在数月以上。病畜体温一般正常，病程呈慢性经过，表现为进行性消瘦、咳嗽、呼吸困难。病菌侵入机体后，由于毒力、机体抵抗力和受害器官不同，症状亦不一样。在牛中此菌多侵害肺、乳房、肠和淋巴结等器官。

（三）防治

1. 防止结核病传入

无结核病健康牛群，每年春秋各进行一次变态反应检疫。补充家畜时，先就地检疫，确认阴性方可引进，运回隔离观察 1 个月以上再行检疫，阴性者才能合群。结核病人不能饲养牲畜。加强饲养管理，确保环境卫生。

2. 净化污染牛群

污染牛群是指多次检疫不断出现阳性家畜的牛群。对污染牛群，每年进行 4 次以上检疫，检出的阳性牛及可疑牛立即分群隔离为阳性牛群与可疑牛群。对阳性牛，一般不做治疗，应及时扑杀，进行无害化处理。

3. 培养健康犊牛群

病牛群更新为健牛群的方法是：设置分娩室，分娩前消毒乳房及后躯，产犊后立即与乳牛分开，用 2% ~ 5% 来苏儿消毒犊牛全身，擦干后送预防室，喂健康牛乳或消毒乳。犊牛应在 6 个月隔离饲养中检疫 3 次，阳性牛淘汰，阴性牛且无任何临床症状，放入假定健康牛群。

4. 严格执行兽医防疫制度

每季度进行 1 次全场消毒，牛舍、运动场每月消毒 1 次，饲养用具每 10 ~ 15 天消毒 1 次。进出车辆与人员要严格隔离消毒。

三、布鲁氏菌病

牛羊布鲁氏菌病是由布鲁氏菌引起的人畜共患的慢性传染病，属于二类动物疫病。其特点是母畜生殖器官、胎膜及多种器官组织发炎、坏死和肉芽肿的形成，甚至出现流产、不孕症状，公畜睾丸炎和关节炎等症状。1% 来苏儿或 2% 福尔马林或 5% 生石灰乳 15 分钟可以将此菌消灭。

（一）流行特点

本病无明显季节性，多发生于母畜产仔时节。母畜感染后一般只发生一次流产，以后形成带菌免疫，即初次发病时流产率高，以后则逐年减少。病畜流产或分娩时排出大量病菌，流产后还可长时间随乳汁、粪便排菌，主要经消化道感染，其次是损伤的皮肤和黏膜，也可通过吸血昆虫感染。公畜感染产生睾丸炎，引起不育，病菌通过精液传播给母畜。

（二）临床症状

1. 牛

怀孕母牛常于妊娠 6 月—8 个月发生流产、产死胎或弱胎，流产后常排出污秽的灰色或棕色恶露。有的发生胎衣滞留，出现子宫内膜炎，阴道排出不洁棕红色渗出物。患病母牛乳腺受到损害引起泌乳量下降，重者可使乳汁完全变质，乳房硬化，甚至丧失泌乳能力，也有伴发关节炎。公牛主要表现为睾丸炎和副睾丸炎。

2. 羊

引起孕羊流产，可继发关节炎和滑液囊炎。引起公羊发生睾丸炎。

（三）防治

1. 无病原地区应加强饲养、卫生管理、疫情监视、检疫等工作，防止布鲁氏菌病传入。

2. 受威胁地区应对畜群定期检疫和免疫接种。疫苗可用布鲁氏菌猪型 2 号弱毒活菌和羊型 5 号弱毒活苗，前者可采用注射、口服及气雾免疫，牛、羊免疫期为 2 年，后者可采用注射和气雾免疫。

3. 疫区应搞好定期检疫、隔离、消毒、杀虫、灭鼠、处理病畜、培育健康幼畜和免疫接种等工作。

4. 兽医工作人员在接产时要做好个人防护工作，避免交叉感染。

四、牛流行热

牛流行热是由牛流行热病毒引起的一种急性热性传染病。其特征为病牛突然高热，流泪，呼吸促迫，有泡沫样流涎，消化器官的严重卡他性炎症和运动障碍。感染该病的大部分病牛经 2～3 日即恢复正常，故又称三日热或暂时热。该病病势迅猛，但多为良性经过。过去曾将该病误认为是流行性感冒。该病能引起牛大群发病，明显降低乳牛的产乳量。

（一）流行特点

1. 本病主要侵害乳牛、黄牛，水牛较少感染发病。以 3 ~ 5 岁壮年乳牛、黄牛易感性最大。水牛和犊牛发病较少。

2. 病牛是该病的传染来源，其自然传播途径尚不完全清楚，多经呼吸道感染。此外，吸血昆虫的叮咬，以及与病畜接触的人和用具的机械传播也是可能的。

3. 该病流行具有明显的季节性，多发生于雨量多和气候炎热的 6 月—9 月。流行迅猛，短期内可使大批牛只发病，呈地方流行性或大流性。流行上还有一定周期性，每 3 ~ 5 年大流行一次。病牛多为良性经过，在没有继发感染的情况下，死亡率为 1% ~ 3%，但会引起泌乳牛产奶量下降。

（二）临床症状

1. 潜伏期为 3 ~ 7 天。发病初期病畜震颤，恶寒，体温升高到 40℃以上，稽留 2 ~ 3 天后体温恢复正常。在体温升高的同时，可见病牛流泪，有水样眼眵，眼睑和结膜充血水肿。

2. 呼吸困难、促迫，呼吸次数可在每分钟 80 次以上，患畜发出呻吟声。这是由于发生了间质性肺气肿，有时会因窒息而死亡。

3. 食欲废绝，反刍停止。第一胃蠕动停止，出现鼓胀或者缺乏水分，胃内容干涸。粪便干燥，有时下痢。

4. 四肢关节浮肿疼痛，病牛呆立，跛行，以后起立困难而伏卧。皮温不整，特别是角根、耳翼、肢端有冷感。另外，颌下可见皮下气肿。流鼻液，口炎，显著流涎，口角有泡沫。尿量减少，尿浑浊。

5. 妊娠母牛患病时可发生流产、死胎。泌乳牛出现乳量下降或泌乳停止。

（三）防治

1. 加强牛的卫生管理对该病预防具有重要作用。管理不良时本病发病率高，并容易成为重症，增加死亡率。应立即隔离病牛并进行治疗，对假定健康牛和受威胁牛，可用新亚生物牛蹄金高免血清进行紧急预防注射。加强消毒，搞好消灭蚊蝇等吸血昆虫工作，应用牛流热疫苗进行免疫接种。

2. 病牛高热时，肌肉注射复方氨基比林 20 ~ 40 毫升，或 30% 安乃近 20 ~ 30 毫升。重症病牛给予大剂量的抗生素，常用青霉素、链霉素，并用葡萄糖生理盐水、林格氏液、安钠咖、维生素 B_1 和维生素 C 等药物，静脉注射，每天 2 次。四肢关节疼痛的牛可静脉注射水杨酸钠溶液。对于病牛因高热而脱水和由此引起的胃内容干涸，可静脉注射林格氏液或生理盐水 2 ~ 4 升，并向胃内灌入 3% ~ 5% 的盐类溶液 10 ~ 20 升。

五、犊牛羔羊大肠杆菌病

本病是由致病性大肠杆菌引起的犊牛和羔羊等多种动物和人共患的传染病，属于三类动物疫病。主要特征根据不同的病型分别表现为败血症、肠毒血症和白痢。病菌抵抗力弱，常用消毒剂数分钟即可灭活。

（一）流行特点

犊牛和羔羊吸吮乳汁或饮水时经消化道感染，牛可经子宫和脐带感染。犊牛和羔羊等通过粪便排出病菌。犊牛 1 ~ 2 周龄、羊 2 ~ 6 周龄易感。多发于舍饲期间，呈地方流行性或散发。

（二）临床症状

1. 肠毒血型

腹泻，常突然死亡，病程长者出现中毒性神经症状，先兴奋后沉郁，最后昏迷死亡。

2. 白痢型

病初病畜体温升高，后出现下痢。犊牛粪便初为黄色粥样，后呈白色水样，内含气泡、凝乳块和血块，有酸臭味。后期病畜腹痛，肛门失禁。脱水严重者，被毛无光泽，病情急剧恶化，经 2 ~ 3 天衰竭死亡。病程长者恢复很慢，发育迟缓，并伴有肺炎、脐炎和关节炎。

3. 败血型

犊牛呈急性败血症经过。发热，精神沉郁，间有腹泻，常于出现症状后数小时至 1 天内死亡，有的未出现腹泻就突然死亡。羔羊多发于 2 ~ 6 周龄，体温升高，肺炎症状，少有腹泻即死亡。

（三）防治

加强母畜产前和产后的饲养管理和护理，对圈舍进行彻底消毒，减少各种应激因素。发现症状及时诊断，给予抗菌药物和辅以止泻、补液、补盐和强心等对症疗法。

六、绵羊痘和山羊痘

本病是由痘病毒引起的绵羊和山羊的热性接触性传染病，属于一类动物疫病。主要症状为病畜皮肤与黏膜发生特异性豆疹，出现典型的斑疹、丘疹、水疱、脓疱和结痂等。

（一）流行特点

本病主要经呼吸道、受损的皮肤或黏膜感染，各种媒介因素均可传播。绵羊易感，山羊较少感染，较成年羔羊易感，病死率高。多发于冬末春初。

（二）临床症状

本病潜伏期平均为 6 ～ 8 天。病羊体温升高到 41 ～ 42℃，食欲减少，精神不振，结膜潮红，有浆液或脓性分泌物从鼻孔流出，呼吸和脉搏增速，经 1 ～ 4 天后发痘。痘疹多发生于皮肤少毛部分，如腿周围、唇、鼻、颊、四肢和尾内侧、阴唇、乳房、阴囊和包皮上。开始为红斑，1 ～ 2 天后形成丘疹，突出皮肤表面，随后丘疹逐渐增大，变成灰白色或淡红色，半球状的隆起结节。结节在几天之内变成水疱，水疱内容物起初像淋巴液，后变成脓性液体，如果无继发感染则会在几天内干燥变成棕色痂块。痂块脱落会遗留一个红斑，后颜色逐渐变淡。

（三）防治

本病目前无特效疗法，重在加强饲养管理，做好防疫工作，用羊痘鸡胚化弱毒疫苗预防。发病前中期使用羊痘一针灵每瓶 100 千克体重配合绿健先锋做紧急治疗，每日 1 次，连用 2 天；发病中后期使用羊痘一针灵每瓶 100 千克体重配合绿健先锋做紧急治疗，一天一次连续使用 3 天。病羊口腔周围及无毛的皮肤破溃有溃疡灶的先用碘制剂的消毒药清洗，然后用冰硼散化开喷在溃疡灶上，2 ～ 3 天溃疡结痂。

七、乳腺炎

乳腺炎分为浆液性乳腺炎、纤维素性卡他乳腺炎、化脓性乳腺炎、出血性乳腺炎、坏疽性乳腺炎和急性乳腺炎。

（一）病因

本病常因挤乳技术或停乳不当、乳房和牛床不清洁，细菌从乳孔侵入乳腺而引起。奶牛乳房炎是奶牛的四大疾病之一，该病发病率除受病原体影响外，还受气温、环境等因素的影响。如在 6、7、8 三个月，由于气温高、病原菌大量繁殖、雨水丰富、运动场积水泥泞，易使牛的乳房脏污，发病率升高。

（二）临床症状

病畜乳房有红、肿、热、痛等炎症表现，泌乳减少或停止，乳汁发生变化。

1.临床型乳腺炎：为乳房间质、实质或间质实质组织的炎症。其特征是乳汁变性、乳房组织不同程度地呈现肿胀、温热和疼痛。根据病程长短和病情严重程度不同，可分为最急性、急性、亚急性和慢性乳腺炎。最急性乳腺炎发病突然，发展迅速，多发生于 1 个乳区。

2.急性乳腺炎：又称亚临床型乳腺炎，为无临床症状表现的一种乳腺炎。其特征是乳房和乳汁无肉眼可见异常，然而乳汁在理化性质、细菌学上已发生变化。具体表现为 pH 值 7.0 以上，呈偏碱性；乳内有乳块、絮状物、纤维；氯化钠含量在 0.14% 以上，体细胞数在

50 万个 / 毫升以上，细菌数和电导值增高。

3. 慢性病例：由于乳腺组织呈渐进性炎症过程，泌乳腺泡较大范围遭受破坏，乳腺组织发生纤维化，常引起乳房萎缩和乳房硬结。

（三）防治

1. 可采用大剂量抗生素，每千克体重用青霉素 1.65 万国际单位、土霉素 10 毫克、盐酸头孢噻呋混悬液（头孢先锋）0.05 ~ 0.1 毫升、磺胺二甲嘧啶 70 毫克。一般向患病乳头内注入青霉素 100 万国际单位，链霉素 0.5 克，蒸馏水 25 毫升溶解。注意反复挤净乳汁，每天 4 ~ 6 次有利于痊愈，重症者应及时对症治疗。

2. 在病畜干奶期开始或终末时进行乳房灌注，是预防乳腺炎十分重要的措施之一。

3. 用 30% 硫酸镁高渗溶液湿敷，以利消肿；静脉注射大剂量的等渗液体，尤其是含葡萄糖和抗菌药物的液体；在乳房周围用冰敷，以减少毒素的吸收。

（四）预防

1. 减少应激反应。夏秋季牛舍一定要干燥、通风、凉爽，防止高温潮湿，春冬季节要注意防寒，保持适宜温度和充足的阳光照射。另外，要注意降低畜群转移或首次应用新挤奶台、挤奶机等的应激。

2. 减少外伤因素。防止栏圈过挤、地面及过道光滑、踏板或台阶过高，以及废旧铁、木栅栏等引起外伤。

3. 营养因素。在母牛干奶期或青年母牛产犊前 60 天，一定要防止缺乏维生素 A、维生素 E 和微量元素硒；母牛泌乳期最后一周，日粮中不宜加谷物、青贮和高质量豆科干草等。

4. 挤奶操作要规范。母畜产乳最初几天，乳房会有水肿，为使其迅速消失，可适当增加挤奶次数，但产后前四天全部挤干易患产后瘫痪症。因此，在挤奶时，第一天每次约挤 2 千克即可，第二天每次挤奶量约为乳量的 1 / 3，第三天为 1 / 2，第四天为 3 / 4，第五天可完全挤完。干奶期最后一次挤乳，要认真挤干净，然后注射干奶油剂、停奶康等药物。

八、奶牛焦虫病

焦虫病是一种季节性血液原虫病，对奶牛危害大，死亡率高。多发生于夏秋两季，引入培育的奶牛和高代级进杂交牛易感染，病原为泰勒氏焦虫、巴贝斯焦虫。症状特征：病牛出现血红尿、白尿、贫血、黄疸、水肿等症状。

（一）病因

病原体是焦虫的原虫。其中有巴贝斯焦虫和泰勒氏焦虫，它们分别在牛的红细胞和网状内皮系统进行无性繁殖。蜱是中间宿主，焦虫在它的体内能进行有性繁殖，所以此病主要是由蜱进行传播的。蜱的活动有一定的规律性，因此焦虫病的发生也有一定季节性，多发季节为春、夏、秋季。

（二）流行病学

本病常以散发形式出现，始发于5月，7月—9月为发病高峰期，以后逐渐下降，冬季则很少发生。以两岁的牛发病最多，但症状轻，很少死亡；成年牛发病率低，但病情严重，死亡率高，特别是高产牛和妊娠牛。引进牛如不经检疫而直接进行配种，常会引起本病的流行。

（三）临床症状

成年牛患此病多为急性，发病初期病牛体温可为40～42℃，呈稽留热、食欲减退、反刍停止、呼吸加快、肌肉震颤、精神沉郁、产奶量急剧下降。一般在发病后3～4天内出现血红蛋白尿，此为本病的特征性症状，尿色由浅红至深红色，尿中蛋白质含量增高。贫血逐渐加重，病牛出现黄疸水肿，便秘与腹泻交替出现，粪便含有黏液及血液。孕畜多流产。

（四）治疗

1. 贝尼尔（血虫净）

每千克体重8毫克，配成5%的灭菌溶液，深部肌肉注射，隔日1次，连用3次。贝尼尔学名三氮脒，对家畜巴贝斯梨形虫病、泰勒梨形虫病、伊氏锥虫病和疫锥虫病、无浆体病以及附红细胞体病均有强效。

2. 黄色素

每千克体重3～4毫克，每头牛最多不超过2克，配成0.5%～1%的灭菌溶液，静脉注射，必要时48～72小时后再注射一次。

3. 阿卡普林

每千克体重1毫克，配成5%灭菌溶液，皮下注射。为防止过敏反应，应事先皮下注射0.1%的肾上腺素10～15毫升。

（五）预防

在有条件的地区可改良牧场，或进行农业垦荒，消除无用的灌木丛林和高草，破坏蜱的滋生环境，或捕杀蜱的幼虫和若虫的主要宿主——鼠类。

1. 牛体灭蜱

夏秋季节，可喷洒1%敌百虫液。在蜱大量活动的时期，每7天处理1次。此外，要消灭牛舍地面、墙壁、食槽等缝隙中的蜱，可喷洒敌百虫，然后用水泥抹上缝隙。

2. 化学药品预防

对在不安全的牧场上放牧的牛群，于发病季节开始时，每隔 15 天用贝尼尔预防注射 1 次。每千克体重 0.002 克，配成 7% 的水溶液，做臀部肌肉注射。

九、子宫内膜炎

子宫内膜炎为子宫内膜的急性炎症，是奶牛生殖疾病的常见病，本病发病率为 20% ~ 40%，占不孕症的 70% 左右。奶牛患子宫内膜炎使受精卵不能着床或胚胎早期死亡，延长了产犊间隔，严重地影响了奶牛的繁殖力和生产性能，降低了奶牛养殖业的经济效益，阻碍了奶牛业的发展。

（一）病因

1. 病原微生物

病原性细菌在引发牛子宫内膜炎的过程中起着最重要的作用，主要有葡萄球菌、链球菌、大肠杆菌、棒状杆菌、假单胞菌、变形杆菌、坏死杆菌、绿脓杆菌、生殖器杆菌、嗜血杆菌等。

2. 外源性感染

外源性感染即病原微生物经阴道和子宫颈进入子宫内而感染。母畜胎衣不下、难产、阴道和子宫脱出、产后子宫颈张开和外阴松弛，输精、助产时器械或手臂及母畜外阴部消毒不严，以及阴道炎、子宫颈炎等都为病原微生物侵入子宫内创造了条件。其中，胎衣不下和难产是引起子宫感染的主要原因。

3. 内源性感染

内源性感染即条件性病原微生物在母牛因分娩而产道损伤、产后抵抗力降低的情况下，迅速繁殖或通过淋巴及血液进入子宫而表现出致病作用。

4. 诱因

饲养管理不当，日粮营养价值不全，维生素、微量元素及矿物质缺乏或不足，矿物质比例失调，母牛的抗病力降低，容易发生子宫内膜炎。内分泌失调尤其是促卵泡成熟激素（FSH）、促黄体生成素（LH）、黄体酮（P4）和雌二醇（E2）等分泌紊乱，是引起子宫内膜炎的一个重要诱因。

（二）诊断

在生产工作中，子宫内膜炎的诊断主要根据分娩史、阴道排出分泌物的性状及直肠和阴道检查结果，并结合临床症状进行确诊，有条件的还可以结合实验室病理组织学诊断。

奶牛的子宫内膜炎包括急性子宫内膜炎、慢性子宫内膜炎、隐性子宫内膜炎、子宫积水和子宫积脓。急性期治疗不及时，或治疗不彻底而转为慢性，多为子宫黏膜的慢性炎症。

临床上，按炎症的性质可将慢性子宫内膜炎分为卡他性、脓性卡他性、脓性、脓性假膜性和坏死性子宫内膜炎。

（三）治疗

治疗的基本原则是：促进病畜子宫内炎性渗出物的排出，消除或抑制子宫感染，增强子宫免疫功能，加强子宫的自净作用。

1. 冲洗子宫疗法

冲洗子宫疗法是治疗急性和慢性子宫内膜炎的有效方法。治疗原则是清洗病畜子宫，消除炎症。通过抗生素等药剂的处理，达到子宫净化的目的，每天或隔天 1 次，每次反复冲洗直到回流液清亮为止。

2. 子宫内药物灌注疗法

子宫内药物灌注是在进行子宫冲洗后的善后治疗，在清除了子宫炎性分泌物的基础上，利用抗生素、防腐剂等对子宫进行保护性治疗，起到抗炎、消毒、抗感染的作用，这种治疗方法往往能收到满意的效果。①子宫灌注，要求无菌操作，不能把外部细菌带入宫腔，动作要轻柔，切忌粗暴；②子宫注药或冲洗时，要注意液体的量不要过大，一般一次用药的量以 400 毫升为宜，最多不要超过 500 毫升；③为提高疗效，子宫灌注或子宫冲洗的液体应保持 40 ~ 45℃的温度，温热的溶液能增强子宫的血液循环，改善生殖器官的代谢。

3. 常用药物有

①抗生素：土霉素与红霉素配合、土霉素与新霉素配合、青霉素、四环素等抗生素。②碘制剂：对于慢性子宫内膜炎，可用鲁格尔氏液（5% 复方碘溶液 20 毫升加蒸馏水至500 毫升）、5% 碘酊注入子宫内 20 ~ 50 毫升，对脓性和卡他性子宫内膜炎有较好疗效。③磺胺类：常用磺胺油悬混液，磺胺 10 ~ 20 克、石蜡油 20 ~ 40 毫升，灌注子宫内治疗慢性子宫内膜炎。④鱼石脂：10% 鱼石脂液 10 ~ 20 毫升，对治疗坏死性、坏疽性子宫内膜炎效果显著。

4. 激素配合治疗

治疗子宫内膜炎，一方面要通过清除子宫炎症，另一方面还要通过内外环境的改善提高病畜子宫抗感染能力。因此，在炎症得到缓解之后，在发情周期的第 16 ~ 17 天，给患牛注射己烯雌酚 20 毫升，其目的是使子宫上皮细胞增生、黏膜充血、宫肌蠕动加强，有利于发情行为的充分体现和子宫炎症的充分清除，然后再分别进行一次清洗和子宫灌注青霉素。

5. 全身治疗

在子宫内膜炎和其他产后感染时，常须对病畜进行全身性的治疗，尤其是恶露明显化脓和子宫内脓性分泌物较多时，应大剂量应用抗生素，并配合强心、补液，纠正酸碱平衡，防止酸中毒和脓毒败血症，静脉注射 5% ~ 10% 葡萄糖并补液，补充维生素 C，肌注复合维生素 B 及钙制剂。

十、腐蹄病

腐蹄病发生后，病牛蹄的真皮和角质层组织发生化脓性病理变化，其特征是真皮坏死与化脓、角质溶解、病牛疼痛、跛行。

（一）病因

奶牛腐蹄病是因指（趾）间皮肤外伤感染化脓，引起的化脓坏死性炎症。本病主要发生原因是厩舍、运动场以及多雨潮湿季节导致趾间皮肤长期受粪尿和污水浸渍，弹性降低，引起龟裂、发炎。此病严重影响奶牛场的经济效益。

（二）临床症状

病牛走路跛行，病肢不敢负重，多卧地，腐烂蹄底疼痛。

（三）治疗

应选择晴朗天气治疗并改善厩舍、运动场环境卫生，保持干燥、清洁。用福尔马林液洗病牛蹄，修整蹄形，挖去蹄底腐烂组织，用 5% 碘酊棉球或松节油棉球塞填患部。可用配方：消炎粉 5 克、呋喃西林粉 5 克、高锰酸钾 10 克、木炭末 80 克，混合备用。用法：将病牛患部用 1% 高锰酸钾溶液反复冲干净，用配制好的上述药物撒于患处并用绷带包扎。同时，在肢趾部用 2% 盐酸普鲁卡因 10 毫升进行环状封闭麻醉，一般 1 次即可治愈。

十一、奶牛酮病

给牛饲喂含蛋白质和脂肪的饲料过多，而碳水化合物饲料不足；或运动不足，导致牛的前胃机能减退，大量泌乳，乳糖消耗大，容易促使本病的发生。本病多发生于产后的第一个泌乳月内，各胎次的牛一年四季均可发病。一般以高产奶牛的发病率较高。

（一）病因

本病的发生与饲料的种类、品质的好坏、日粮的组成有关，特别是精料过多、粗饲料不足，易造成牛的瘤胃功能减弱，进而引起食欲减退，使瘤胃的内环境发生改变，采食量减少，能量水平不能满足需要，故发病率增加。矿物质如钴、磷缺乏，会导致酮病的发生；大量饲喂过度发酵、品质低劣的青贮料，因丁酸含量较多，也会促使本病的发生。有些牛反复发生酮病，可能是遗传因素，也可能与牛的消化能力和代谢能力较差有关。

（二）临床症状

本病常在母牛产后几天至几周内出现，以消化紊乱和精神症状为主。患畜食欲减退，不愿吃精料，只采食少量粗饲料，或喜食垫草和污物，反刍停止，最终拒食。泌乳量下降，乳脂含量升高，乳汁易形成气泡，类似初乳状。尿呈浅黄色，易形成泡沫。

（三）治疗

1. 静滴

50% 葡萄糖 500 毫升、VC50 毫克、ATP 一盒、辅酶 A 一盒、20% 葡萄糖 1 000 毫升、50% 碳酸氢钠 500 毫升。肌注：维生素 B_1。对症治疗：有的牛发生神经兴奋，对此可静滴硫酸镁注射液。一般的病例中很少使用激素药物，如地塞米松，因为使用时往往会造成病牛泌乳障碍，给奶牛带来反感，一般不会配合进行治疗，因此重症很少应用。

2. 健胃

龙胆酊、焦四仙、适量的硫酸镁等健胃药，能够增加病牛的采食量从而合成生糖物质。

（四）预防

1. 防止闭乳期牛过度肥胖。在产后饲料要逐量增加，防止一步到位地增加饲料。增加优质青草或青干草，减少劣质青草的投喂。

2. 保持适宜的精粗料比例，增加饲料的矿物质和维生素含量。

3. 在产后产奶量的增加超过 20 千克时，可口服补给葡萄糖。

十二、前胃弛缓

前胃弛缓是由于长期给牛饲喂品质不良的饲料和饲养管理不当以致牛的前胃兴奋性降低和收缩力减弱引起的机能障碍性疾病，临床上以病牛前胃蠕动减弱或停止，食欲、反刍、嗳气紊乱为特征。

（一）病因

饲料品质低劣、品种单一，长期饲喂适口性较差的饲料，如稻草、麦秸、玉米秸秆等；饲料配合不平衡，精料、糟粕类（如酒糟、豆腐渣、糖渣）喂量过多；饲养方法及饲料突然改变；奶牛运动量不足，而使全身肌肉张力降低。

（二）临床症状

病牛食欲、反刍及嗳气减少或停止，精神沉郁，不愿走动，呼吸急迫，产奶量下降。患严重的牛步态蹒跚，行走不稳，视力不清，不避阻碍。

（三）治疗

禁食 1 ~ 2 天，配合瘤胃按摩，促进瘤胃功能恢复。

1.缓泻和制酵。硫酸镁 500 克，鱼石脂 10 ~ 20 克，温水 4 000 ~ 5 000 毫升，一次内服；液体石蜡或植物油 500 ~ 1 000 毫升，一次内服。

2.兴奋和增强病牛前胃运动机能。内服酒石酸锑钾 10 克，每天一次，连用 3 天。为了兴奋前胃机能，经常应用拟胆碱药物，如新斯的明，一次量为 0.02 ~ 0.06 克，皮下注射，每隔 3 小时注射一次。为加强瘤胃的收缩，可一次静脉注射 10% 氯化钠 500 毫升、10% 安钠咖 20 毫升；对于分娩前后的牛和高产牛，可一次静脉注射 5% 葡萄糖生理盐水 500 毫升、25% 葡萄糖 500 毫升、20% 葡萄糖酸钙 300 毫升。

3.为防止酸中毒，可静脉注射 5% 葡萄糖生理盐水 1 000 毫升、25% 葡萄糖 500 毫升、5% 碳酸氢钠 500 毫升，或内服人工盐 300 克、碳酸氢钠 80 克。

4.可内服中药反刍健胃舒、胃泰宁、清热健胃散，开水冲调，候温灌服。

第三节 猪常见疾病及防治

一、猪大肠杆菌病

猪大肠杆菌病是由致病性大肠杆菌引起的仔猪肠道传染性疾病，属于三类动物疫病。常见的有仔猪黄痢、仔猪白痢和仔猪水肿病三种，以发生严重腹泻、肠炎、肠毒血症为特征。

（一）仔猪黄痢

仔猪黄痢又称早发性大肠杆菌病，是 1 ~ 7 日龄的仔猪发生的一种急性、高度致死性的疾病。临床上以病猪剧烈腹泻、排黄色水样稀便、迅速死亡为特征。

1.流行特点

本病在世界各地均有流行。炎夏和寒冬潮湿多雨季节发病严重，春秋温暖季节发病少；猪场发病严重，分散饲养的发病少。头胎母猪所产仔猪发病最为严重，随着胎次的增加，仔猪发病逐渐减轻，这是由于母猪长期感染大肠杆菌而逐渐产生了对该菌的免疫力。24 小时内的新生仔猪最易感染，一般在生后 3 天左右发病，最迟不超过 7 天，在梅雨季节也有出生后 12 小时发病的。

2.临床症状

本病潜伏期短，一般在 24 小时左右，长的也仅有 1 ~ 3 天，个别病例到 7 日龄左右发病。窝内发生第一头病猪，1 ~ 2 天内同窝猪相继发病。最初为病猪突然腹泻，排出稀薄如水样粪便，黄至灰黄色，混有小气泡并带腥臭，随后病猪腹泻愈加严重，数分钟即泻 1 次。

病猪口渴、脱水，但无呕吐现象，最后昏迷死亡。

3. 防治

出现症状时再治疗，往往效果不佳。在发现一头病猪后，立即对与病猪接触过的未发病仔猪进行药物预防，疗效较好。大肠杆菌易产生抗药菌株，宜交替用药，如果条件允许，最好先做药敏性试验后再选择用药。普美仙，肌肉注射，每天 1 次，连用 3 ~ 5 天。

综合性防疫卫生措施。预防本病的关键是加强饲养管理，母猪分娩时有专人守护，所产仔猪放在有干净垫草的箩筐内，待产仔完毕后用 0.1% 高锰酸钾溶液清洗母猪乳头。圈舍用生石灰消毒，注意保持猪舍环境清洁、干燥，尽可能安排母猪在春季或秋季天气温暖干燥时产仔，以减少发病。产前母猪 48 小时内用奥克米先 10 ~ 15 毫升，分点肌肉注射，1 天 1 次，或氧氟沙星 0.3 ~ 0.4 毫克 / 千克肌肉注射，每天 2 次，连续给药两天进行预防。

（二）仔猪白痢

仔猪白痢是由大肠杆菌引起的 10 日龄左右仔猪发生的消化道传染病。临床上以病猪排灰白色粥样稀便为主要特征，本病发病率高而致死率低。猪肠道菌群失调、大肠杆菌过量繁殖是本病的重要病因，气候变化、饲养管理不当是本病发生的诱因。

1. 流行特点

本病一般发生于 10 ~ 30 日龄仔猪，7 日龄以内及 30 日龄以上的猪很少发病。病因与饲养管理及猪舍卫生有很大关系，在冬春两季气温剧变、阴雨连绵或保暖不良及母猪乳汁缺乏时发病较多。一窝仔猪有一头发病后，其余的往往同时或相继患病。

2. 临床症状

病猪体温一般无明显变化。病猪腹泻，排出白、灰白以至黄色粥状有特殊腥臭的粪便。同时，病猪畏寒、脱水，吃奶减少或不吃，有时可见吐奶。除少数发病日龄较小的仔猪易死亡外，一般病猪病情较轻，易自愈，但多反复发病而形成僵猪。

3. 防治

①治疗。普美仙，每千克体重 0.1 毫升；远征泻痢王，每千克体重 0.1 ~ 0.15 毫升。②预防。由于本病病因尚不十分明确，因此疫苗预防效果往往并不理想，药物预防可参照仔猪黄痢的预防方案。

（三）仔猪水肿病

仔猪水肿病是由溶血性大肠杆菌毒素所引起的以断奶仔猪眼睑或其他部位水肿、神经症状为主要特征的疾病。该病多发于仔猪断奶后 1 ~ 2 周，发病率为 5% ~ 30%，病死率超过 90%。近年来本病又有新的流行特点：首先，发病日龄不断增加，据各地反馈情况40 ~ 50 千克的猪都有水肿病的发生；其次，吃得越多、长得越壮的猪，发病率和死亡率越高。

1. 流行特点

本病多发生于断奶后的肥胖幼猪，以 4～5 月龄和 9～10 月龄较为多见，特别是在气候突变和阴雨天气时多发。据观察，水肿病多发生在饲料比较单一而缺乏矿物质（主要为硒）和维生素（B 族及 E）的猪群。

2. 临床症状

①神经症状，病猪盲目行走或转圈，共济失调，口吐白沫，叫声嘶哑，进而倒地抽搐，四肢呈游泳状，逐渐发生后躯麻痹，卧地不起，在昏迷状态中死亡；②病猪体温在病初可能升高，但很快降至常温或偏低；③病猪眼睑或结膜及其他部位水肿，病程数小时至 1～2 天。

3. 防治

①治疗。超级消肿王对本病有特效，每千克体重 0.1 毫升，连用 3～5 天，同时可配合轻泻药物进行治疗效果更佳。②预防。补硒，缺硒地区每头仔猪断奶前补硒；合理搭配日粮，防止饲料中蛋白含量过高，适当搭配某些青绿饲料。

二、猪副伤寒

猪副伤寒又称猪沙门氏菌病，是由沙门氏菌属细菌引起仔猪的一种传染病，属于三类动物疫病。急性者以败血症，慢性者以坏死性肠炎，有时以卡他性或干酪性肺炎为特征。

（一）流行特点

本病主要侵害 6 月龄以下仔猪，尤以 1～4 月龄仔猪多发，6 月龄以上仔猪很少发病。本病一年四季均可发生，但阴雨潮湿季节多发。病猪和带菌猪是主要传染源，它们可从粪、尿、乳汁以及流产的胎儿、胎衣和羊水排菌。本病主要经消化道感染、交配或人工授精感染，在子宫内也可能感染。另据报道，健康畜带菌（特别是鼠伤寒沙门氏菌）相当普遍，当受外界不良因素影响以及动物抵抗力下降时，常导致内源性感染。

（二）临床症状

本病潜伏期为数天，或长达数月，与猪体抵抗力及细菌的数量、毒力有关。临床上分急性、亚急性和慢性三型。

1.急性型又称败血型，多发生于断乳前后的仔猪，常使仔猪突然死亡。病程 1～4 天。病程稍长者，表现出体温升高（41～42℃）、腹痛、下痢、呼吸困难、耳根、胸前和腹下皮肤有紫斑，多以死亡告终。

2.亚急性和慢性型为常见病型。表现为病猪休温升高，眼结膜发炎，有脓性分泌物；

病初便秘后腹泻，排灰白色或黄绿色恶臭粪便；病猪消瘦，皮肤有痂状湿疹。病程持续可达数周，终至死亡或成为僵猪。

（三）防治

1. 在本病常发地区，可对 1 月龄以上哺乳或断奶仔猪，用仔猪副伤寒活疫苗进行预防，按瓶签注明头份，用 20% 氢氧化铝用生理盐水稀释，每头肌肉注射 1 毫升，免疫期为 9 个月。

2. 治疗。土霉素按每千克体重 0.1 克计算，口服每日 2 次，连服 3 天；复方新诺明每天每千克体重 0.07 克，分 2 次口服，连用 3 ~ 5 天；意康生物英国多联特配合头孢肌肉注射，每套本品用于 100 千克体重治疗、用于 200 千克体重预防；恩诺沙星，每千克体重 2.5 毫克，肌肉注射，每天 2 次，连用 2 ~ 3 天。

三、猪传染性胃肠炎

猪传染性胃肠炎是由猪传染性胃肠炎病毒引起的猪的一种高度接触性消化道传染病，属于三类动物疫病。主要特征以呕吐、严重水样腹泻和脱水为主。

（一）流行特点

猪对猪传染性胃肠炎病毒最为易感，各种年龄的猪都可感染。10 日龄以内的猪病死率接近 100%。发生和流行有较明显的季节性，一般多发生于冬季和春季。

（二）临床症状

一般 2 周龄以内的仔猪感染后 12 ~ 24 小时会出现呕吐，继而出现严重的水样或糊状腹泻，粪便呈黄色，常夹有未消化的凝乳块，恶臭，病猪体重迅速下降，仔猪明显脱水，发病 2 ~ 7 天死亡，死亡率达 100%；2 ~ 3 周龄的仔猪，死亡率在 0% ~ 10%。断乳猪感染后 2 ~ 4 天发病，表现为水泻，呈喷射状，粪便呈灰色或褐色，个别猪会出现呕吐现象，在 5 ~ 8 天后腹泻停止，极少死亡，但病猪体重下降，常发育不良，成为僵猪。有些母猪与患病仔猪密切接触，反复感染，症状较重，表现为母猪体温升高、泌乳停止、呕吐、食欲不振和腹泻，也有些哺乳母猪不表现临床症状。

（三）防治

1. 预防

平时注意不从疫区或病猪场引进猪只，以免传入本病。当猪群发生本病时，应立即隔离病猪，用消毒药对猪舍、环境、用具、运输工具等进行消毒，尚未发病的猪应立即隔离到安全地方饲养。

2. 治疗

可用下列药物控制继发感染：先注射阿托品，按照每头 2 ~ 4 毫克注射，严重病猪可后海穴封闭；然后，肠毒清（国浩）50 千克／套，连用 2 ~ 3 天，同时口服碱式硝酸铋 2 ~ 6 克或鞣酸蛋白 2 ~ 4 毫克、活性炭 2 ~ 5 克。

四、猪流行性腹泻

猪流行性腹泻是由猪流行性腹泻病毒引起的一种猪的急性接触性肠道传染病，其特征为呕吐、腹泻和脱水。临床症状与猪传染性胃肠炎极为相似。

（一）流行特点

本病只发生于猪，各种年龄的猪都能感染发病。哺乳猪、架子猪或育肥猪的发病率很高，尤以哺乳猪受害最为严重，母猪发病率变动很大，为 15% ~ 90%。病猪是主要传染源，病毒存在于病猪的肠绒毛上皮细胞和肠系膜淋巴结，随粪便排出后，污染环境、饲料、饮水、交通工具及用具等而传染。主要感染途径是消化道。如果一个猪场陆续有不少窝仔猪出生或断奶，病毒会不断感染失去母源抗体的断奶仔猪，使本病呈地方流行性，在这种繁殖场内，猪流行性腹泻可造成 5 ~ 8 周龄的断奶期仔猪顽固性腹泻。本病多发生于寒冷季节。

（二）临床症状

本病潜伏期一般为 5 ~ 8 天，人工感染潜伏期为 8 ~ 24 小时。主要的临床症状为病猪水样腹泻，或者在腹泻之间有呕吐，呕吐多发生于吃食或吃奶后。症状的轻重随年龄的大小而有差异，年龄越小，症状越重。一周龄内新生仔猪发生腹泻后 3 ~ 4 天，呈现严重脱水而死亡，死亡率可达 50%，最高的死亡率达 100%。病猪体温正常或稍高，精神沉郁，食欲减退或废绝。断奶猪、母猪常表现为精神委顿、厌食和持续性腹泻，大约一周，并逐渐恢复正常。少数猪恢复后生长发育不良。肥育猪在同圈饲养感染后都会发生腹泻，一周后康复，死亡率 1% ~ 3%。成年猪症状较轻，有的仅表现呕吐，重者水样腹泻 3 ~ 4 天可自愈。

（三）防治

1. 预防

加强营养，控制霉菌毒素中毒，可以在饲料中添加一定比例的脱霉剂，同时加入高档维生素。提高猪舍温度，特别是配怀舍、产房、保育舍。配怀舍大环境温度不低于 15℃；产房产前第一周为 23℃、分娩第一周为 25℃，以后每周降 2℃；保育舍第一周 28℃，以后每周降 2℃，至 22℃止。产房小环境温度用红外灯和电热板，第一周为 32℃，以后每周降 2℃。

母猪分娩后的 3 天保健和对仔猪的 3 针保健，可选用高热金针注射液，母猪产仔当天注射 10 ~ 20 毫升 / 头，若有感染者，产后 3 天再注射 10 ~ 20 毫升 / 头；仔猪出生后的 3 天、7 天、21 天的 3 针保健，分别肌注 0.5 毫升、0.5 毫升、1 毫升。

有病猪发生呕吐、腹泻后立即封锁发病区和产房，尽量做到全部封锁。扑杀 10 日龄之内呕吐且水样腹泻的仔猪，这是切断传染源、保护易感猪群的做法。种猪群紧急接种胃流二联苗或胃流轮三联苗。

2. 治疗

对 8 ~ 13 日龄的呕吐、腹泻猪用口服补液盐拌土霉素碱或诺氟沙星，温热后进行灌服，每天 4 ~ 5 次，以确保病猪不脱水为原则。病猪必须严格隔离，不得扩散，同时采用药物进行辅助治疗。

五、猪巴氏杆菌病

猪巴氏杆菌病，又叫猪肺疫，俗称"锁喉风"或"肿脖子瘟"，是由多发性巴氏杆菌引起的急性流行性或散发性和继发性传染病，属于二类动物疫病。其主要特征为：急性病例为病猪出血性败血病、咽喉炎和胸膜肺炎的症状，慢性病例主要为病猪慢性肺炎症状和胃肠炎，呈散发性发生。

（一）流行特点

1. 本病大多发生于中、小猪，成年猪患病较少。

2. 本病的发生，无明显的季节性，一年四季都可发生，但于秋末春初及气候骤变的时候发病较多，在南方大多发生在潮湿闷热及多雨季节。猪只的饲养管理不当、卫生条件恶劣、饲料和环境的突然变换及长途运输等，都是发生本病的诱因。

（二）临床症状

本病潜伏期长短不一，随细菌毒力强弱而定，自然感染的猪，快则 1 ~ 3 天，慢则 5 ~ 14 天。

1. 最急性型常见于流行初期，病猪于头天晚上吃喝如常，无明显临诊症状，次日晨已死在圈内。病程稍长，症状明显的体温见升高至 41℃以上，食欲废绝，精神沉郁，寒战，可视黏膜发绀，耳根、颈、腹等部皮肤出现紫红色斑。较典型的症状是急性咽喉炎，病猪颈下咽喉部急剧肿大，呈紫红色，触诊坚硬而有热痛，严重者可波及上达耳根和后到前胸部，致使病猪呼吸极度困难，叫声嘶哑，常两前肢分开呆立，伸颈张口喘息，口鼻流出白色泡沫液体，有时混有血液，严重时常做犬坐姿势张口呼吸，最后窒息而死。病程1～2天，病死率可达100%。

2. 急性型是本病常见的病型，主要表现为肺炎症状，病猪体温升高到41℃以上，精神差，食欲减少或废绝，初为干性短咳，后变湿性痛咳，鼻孔流出浆性或脓性分泌物，触诊胸壁有疼痛感，听诊有啰音或摩擦音，呼吸困难，张口吐舌，结膜发绀，皮肤上有红斑，初便秘，后腹泻，消瘦无力，卧地不起，大多4～7天死亡，不死者常转为慢性。

3. 慢性型发病初期病猪症状不明显，继则食欲和精神不振，持续性咳嗽，呼吸困难，鼻流少量黏脓性分泌物，进行性消瘦，行走无力。有时病猪发生慢性关节炎，关节肿胀，跛行，有的病例还发生下痢。如不及时治疗或治疗不当病猪常于发病2～3周后衰竭而死。

（三）防治

1. 隔离病猪，及时治疗

①链霉素为1克，每日分2次肌肉注射。20%磺胺噻唑钠或磺胺嘧啶钠注射液，小猪为10～15毫升，大猪为20～30毫升，肌肉或静脉注射，每日2次，连用3～5天。②抗猪肺疫血清（抗出血性败血症多价血清）在疾病早期应用，有较好的效果。2月龄内仔猪注射20～40毫升，2～5月龄猪注射40～60毫升，5～10月龄猪注射60～80毫升，均为皮下注射。本血清为牛或马源，注射后可能发生过敏反应，应注意观察。

2. 预防措施

①在部分健康猪的上呼吸道带有巴氏杆菌，由于不良因素的作用，常可诱发本病。因此，预防本病的根本办法，必须贯彻"预防为主"的方针，消除降低猪体抵抗力的一切不良因素，加强饲养管理，做好兽医防疫卫生工作，以增强猪体的抵抗力。②每年春秋两季定期进行预防注射，以增强猪体的特异性抵抗力。我国目前使用两类菌苗，一是猪肺疫氢氧化铝菌苗，断奶后的猪不论大小一律皮下或肌肉注射5毫升，注射后14天产生免疫力，免疫期6个月；二是猪、牛多杀性巴氏杆菌病灭活疫苗，猪皮下或肌肉注射2毫升，注射后14天产生免疫力，免疫期6个月。③有猪发病时，猪舍的墙壁、地面、饲养管理用具要进行消毒，粪便废弃物堆积发酵。必要时，对发病群的假定健康猪，可用猪肺疫抗血清进行紧急预防注射，剂量为治疗量的一半。④患慢性猪肺疫的僵猪应及时淘汰。

六、猪支原体肺炎

猪支原体性肺炎是由猪肺炎支原体引发的一种慢性肺炎，又称猪地方流行性肺炎，俗称猪气喘病，属于二类动物疫病。主要特征为咳嗽和气喘、肺呈肉样或虾肉样变化。

（一）流行特点

本病最早可能发生于 2 ~ 3 周龄（地方品种有 9 日龄的）的仔猪，但一般传播缓慢，在 6 ~ 10 周龄感染较普遍，许多猪直到 3 ~ 6 月龄时才出现明显症状。

易感猪与带菌猪接触后，发病的潜伏期长的为 10 天或更长时间，并且所有自然发生的病例均为混合感染，包括支原体、细菌、病毒及寄生虫等。

（二）临床症状

猪流感继发猪支原体肺炎，病猪初期主要症状为：咳嗽，体温升高到 40 ~ 42.5℃，精神沉郁，食欲减退或废绝，趴窝不愿站立，眼鼻有黏性液体流出，眼结膜充血；个别病猪呼吸困难、喘气、咳嗽、呈腹式呼吸、有犬坐姿势，夜里可听到病猪哮喘声。

（三）防治

1. 怀孕母猪分娩前 14 ~ 20 天以支原净、利高霉素或林可霉素、克林霉素、氟甲砜霉素等投药 7 天。

2. 仔猪 1 日龄口服 0.5 毫升庆大霉素，5 ~ 7 日龄、21 日龄 2 次免疫喘气病灭活苗。

3. 仔猪 15 日龄、25 日龄注射恩诺沙星 1 次，有猪腹泻或呼吸道综合征严重的猪场仔猪断奶前后定期用药，可选用支原净、利高霉素、泰乐菌素、土霉素、氟甲砜霉复方。

七、猪传染性萎缩性鼻炎

猪传染性萎缩性鼻炎是一种由支气管败血波氏杆菌（主要是 D 型）和产毒素多杀巴氏杆菌（C 型）引起的猪呼吸道慢性传染病，属于二类动物疫病。其特征为鼻炎、鼻甲骨尤其是鼻甲骨下卷曲发生萎缩，导致打喷嚏、鼻塞、面部变形、呼吸困难和生长迟缓。

（一）流行特点

本病常发生于 2 ~ 5 月龄的猪，在出生后几天至数周的仔猪感染时，发生鼻炎后多能引起仔猪鼻甲骨萎缩；年龄较大的猪感染时，可能不发生或只产生轻微的鼻甲骨萎缩，但是一般表现为鼻炎症状，症状消退后成为带菌猪。病猪和带菌猪是主要传染来源。病菌存在于其上呼吸道，主要通过飞沫传播，经呼吸道感染。

（二）临床症状

表现为打喷嚏、流鼻血、颜面变形、鼻部歪斜和生长迟滞，受感染的小猪出现鼻炎症状，打喷嚏，呈连续或断续性发生，呼吸有鼾声。猪只常因鼻类刺激黏膜表现不稳定，用前肢搔抓鼻部，或鼻端拱地，或在猪圈墙壁、食槽边缘摩擦鼻部，并可留下血迹；从鼻部流出分泌物，分泌物先是透明黏液样，继之为黏液或脓性物，甚至流出血样分泌物，或引起不同程度的鼻出血。

在出现鼻炎症状的同时，病猪的眼结膜常发炎，从眼角不断流泪。由于泪水与尘土沾积，常在眼眶下部的皮肤上，出现一个半月形的泪痕湿润区，呈褐色或黑色斑痕，故有"黑斑眼"之称，这是本病具有特征性的症状。有些病例，在鼻炎症状发生后几周，症状渐渐消失，并不出现鼻甲骨萎缩，但大多数病猪，进一步发展将引起鼻甲骨萎缩。

（三）防治

1. 预防

哺乳仔猪从 15 日龄能吃食时起，每天可按每千克体重喂给 20 ～ 30 毫克金霉素或土霉素，连续喂 20 天，有一定效果；或在母猪分娩前 3 ～ 4 周至产后 2 周，每吨饲料中加入 100 ～ 125 克磺胺二甲基嘧啶和磺胺噻唑，或每吨饲料中加入土毒素 400 克喂服。用支气管败血波氏杆菌（Ⅰ相菌）灭活菌苗和支气管败血波氏杆菌及 D 型产毒多静生巴氏杆菌灭活二联苗在母猪产仔前 2 个月及 1 个月接种，通过母源抗体保护仔猪数周内不感染；也可以给 1 ～ 3 周龄仔猪免疫接种，间隔 1 周进行二免。

2. 治疗

每吨饲料加入磺胺甲氧嗪 100 克，或金霉素 100 克，或加入磺胺二甲基嘧啶 100 克、金霉素 100 克、青霉素 50 克三种混合剂，连续喂猪 3 ～ 4 周，对消除病菌、减轻症状及增加猪的体重均有好处。对早期有鼻炎症状的病猪，定期向鼻腔内注入卢格氏液、1% ～ 2% 硼酸液、0.1% 高锰酸钾液等消毒剂或收敛剂，都会有一定效果。

八、猪流行性感冒

猪流行性感冒是猪的一种急性、高度接触性传染性呼吸器官疾病，可引起多种动物和人共患，简称猪流感，属于三类动物疫病。其特征为突发、咳嗽、呼吸困难、发热及迅速转归。猪流感由甲型流感病毒（A 型流感病毒）引发，通常暴发于猪之间，传染性很高但通常不会引发死亡。

（一）流行特点

各个年龄、性别和品种的猪对本病毒都有易感性。本病的流行有明显的季节性，天气多变的秋末、早春和寒冷的冬季易发生。本病传播迅速常呈地方性流行或大流行。本病发病率高，死亡率低。病猪和带毒猪是猪流感的传染源，患病痊愈后猪带毒 6 ～ 8 周。

（二）临床症状

本病潜伏期很短，几小时到数天，自然发病时平均为 4 天。发病初期病猪体温突然升高至 41.5℃，厌食或食欲废绝，极度虚弱乃至虚脱，常卧地，呼吸急促、腹式呼吸、阵发性咳嗽。从眼和鼻流出黏液，鼻分泌物有时带血。病猪挤卧在一起，难以移动，触摸肌肉僵硬、疼痛，出现膈肌痉挛，呼吸顿挫，一般称这为打嗝儿。如有继发感染，则病势加重，发生纤维素性出血性肺炎或肠炎。母猪在怀孕期感染，产下的仔猪在产后 2 ~ 5 天发病很重，有些在哺乳期及断奶前后死亡。

（三）防治

1. 为了避免人畜共患，饲养管理员和直接接触生猪的人宜做到有效防护，注意个人卫生；经常使用肥皂或清水洗手，避免接触患猪，同时应避免接触流感样症状（发热、咳嗽、流涕等）或肺炎等呼吸道病人，尤其在咳嗽或打喷嚏后；避免接触生猪或之前有猪的场所；避免前往人群拥挤的场所；咳嗽或打喷嚏时用纸巾捂住口鼻，然后将纸巾丢到垃圾桶。对死因不明的生猪一律焚烧深埋再做消毒处理。如人不慎感染了猪流感病毒，应立即向上级卫生主管部门报告，接触患病的人群应做 7 日医学隔离观察。

2. 密切注意天气变化，一旦降温，及时取暖保温。人发生 A 型流感时，也不能与猪接触。

3. 用猪流感佐剂灭活苗对猪连续接种两次，免疫期可达 8 个月。

九、非洲猪瘟

非洲猪瘟是由非洲猪瘟病毒感染家猪和各种野猪（如非洲野猪、欧洲野猪等）引起的一种急性、出血性、烈性传染病。世界动物卫生组织将其列为法定报告动物疫病，该病也是我国重点防范的一类动物疫情。其特征是发病过程短，最急性和急性感染死亡率高达 100%，临床表现为发热（温度在 40 ~ 42℃），心跳加快，呼吸困难，部分咳嗽，眼、鼻有浆液性或黏液性脓性分泌物，皮肤发绀，淋巴结、肾、胃肠黏膜明显出血，非洲猪瘟临床症状与猪瘟症状相似，只能依靠实验室监测确诊。2018 年 8 月 3 日，我国确诊首例非洲猪瘟疫情。

（一）流行特点

2018 年之前，我国没有非洲猪瘟。分子流行病学研究表明，传入中国的非洲猪瘟病毒属基因 Ⅱ 型，与格鲁吉亚、俄罗斯、波兰公布的毒株全基因组序列同源性为 99.95% 左右。

通常非洲猪瘟跨国境传入的途径主要有四类：一是生猪及其产品国际贸易和走私；二是国际旅客携带的猪肉及其产品；三是国际运输工具上的餐厨剩余物；四是野猪迁徙。

我国已查明疫源的 68 起家猪疫情，传播途径主要有三种：一是生猪及其产品跨区域调运，占全部疫情的约 19%；二是餐厨剩余物喂猪，占全部疫情的约 34%；三是人员与车辆带毒传播，这是当前疫情扩散的最主要方式，占全部疫情的约 46%。

（二）临床症状

本病自然感染潜伏期 5 ~ 9 天，但实际往往更短，临床实验感染则为 2 ~ 5 天，发病时病猪体温升高至 41℃，约持续 4 天，直到死前 48 小时体温开始下降，同时临床症状直到体温下降才显示出来，故与猪瘟体温升高时症状出现不同。最初 3 ~ 4 日发热期间，猪只食欲下降，显出极度脆弱，猪只躺在舍角，强迫赶起要它走动，它则显示出极度弱，尤其后肢更甚，脉搏动快；咳嗽，呼吸快，呼吸困难；出现浆液或黏液脓性结膜炎，有些毒株会引起带血下痢，呕吐，血液变化似猪瘟；从 3 ~ 5 个病例中，显示有 50% 的病猪有白细胞数减少现象，淋巴球也同样减少，体温升高时发生白细胞性贫血，至第 4 日白细胞数降至 40% 才不下降，未成熟中性球数增加也可观察到，往往发热后第 7 天死亡，或症状出现仅 1 ~ 2 天便死亡。

（三）防治

目前在世界范围内没有研发出可以有效预防非洲猪瘟的疫苗和药物，但高温、消毒剂可以有效杀灭病毒，所以做好养殖场生物安全防护是防控非洲猪瘟的关键。

1. 严格控制人员、车辆和易感动物进入养殖场；进出养殖场及其生产区的人员、车辆、物品要严格落实消毒等措施。

2. 尽可能封闭饲养生猪，采取隔离防护措施，尽量避免与野猪、蜱类接触。

3. 严禁使用泔水或餐余垃圾饲喂生猪。

4. 积极配合当地动物疫病预防控制机构开展疫病监测排查，特别是发生猪只注射猪瘟疫苗免疫失败、不明原因死亡等现象，应及时上报给当地兽医部门。

5. 海关应加强所有进口物品的检疫，同时地区间也要做好生猪的调运检疫工作，堵住病毒流行的通道。

十、猪链球菌病

猪链球菌病是由多种致病性猪链球菌感染而引起的一种人畜共患病，属于二类动物疫病。主要特征为：急性型病猪表现出血性败血症和脑膜炎，慢性型病猪表现为关节炎、心内膜炎、组织化脓性炎和淋巴结脓肿。该病在人类中不常见，但普遍易感，主要表现为发热和严重的毒血症状。早期诊断及时治疗后，多数患者可以治愈，但部分患者会留下后遗症。

（一）流行特点

猪是主要传染源，尤其是病猪和带菌猪是本病的主要传染源，其次是羊、马、鹿、鸟、家禽（如鸭、鸡）等。猪体内猪链球菌的带菌率为 20% ~ 40%，在正常情况下不引起疾病。如果细菌产生毒力变异，引起猪发病，病死猪休内的细菌和毒素再传染给人类，则引起人发病。

猪链球菌的自然感染部位是猪的上呼吸道、生殖道、消化道。本病主要是通过开放性伤口传播，如人皮肤或黏膜的创口接触病死猪的血液和体液引起发病，所以屠夫、屠场工人发病率比较高。部分患者因吃了不洁的凉拌病死猪肉或吃生的猪肉丸子、洗切加工处理病死猪肉引起发病，加工冷冻猪肉也可引起散发病例。

（二）临床症状

根据临床上的表现，将其分为四个类型：

1. 急性败血型

急性型猪链球菌病发病急、传播快，多表现为急性败血型。病猪突然发病，体温升高至 41 ~ 43℃，精神沉郁，嗜睡，食欲废绝，流鼻水，咳嗽，眼结膜潮红、流泪，呼吸加快。多数病猪往往头晚未见任何症状，次晨已死亡。少数病猪在患病后期，于耳尖、四肢下端、背部和腹下皮肤出现广泛性充血、潮红。

2. 脑膜炎型

脑膜炎型多见于 70 ~ 90 日龄的小猪，病初病猪体温 40 ~ 42.5℃，不食，便秘，继而出现神经症状，如磨牙、转圈、前肢爬行、四肢游泳状或昏睡等，有的后期出现呼吸困难，如治疗不及时，往往死亡率很高。

3. 关节炎型

关节炎型由前两型转来，或者从发病起病猪即呈现关节炎症状。病猪表现为一肢或几肢关节肿胀、疼痛，有跛行，甚至不能起立。病程 2 ~ 3 周。死后剖检，见关节周围肿胀、充血，滑液浑浊，重者关节软骨坏死，关节周围组织有多发性化脓灶。

4. 化脓性淋巴结炎（淋巴结脓肿）型

化脓性淋巴结炎型多见于颌下淋巴结，其次是咽部和颈部淋巴结。受害淋巴结肿胀、坚硬、有热有痛，可影响病猪采食、咀嚼、吞咽和呼吸，伴有咳嗽，流鼻液。至化脓成熟，肿胀中央变软，皮肤坏死，自行破溃流脓，以后全身症状好转，局部逐渐痊愈。病程一般为 3 ~ 5 周。

（三）防治

猪链球菌对大多数的抗菌药物敏感，但不同地区的菌株敏感性有差异。目前抗菌效果好的抗菌药物主要有青霉素 G、氨苄西林、氯霉素以及第三、四代头孢菌素，如头孢噻肟、头孢曲松钠、头孢拉定及新一代氟喹诺酮类抗生素。

1. 控制传染源

坚持早发现、早报告、早诊断、早隔离、早治疗。有效的预防是不宰杀和食用病死猪肉，对病死猪应做焚烧后深埋处理。

2. 切断传播途径

提倡在处理猪肉或猪肉加工过程中戴手套以预防猪链球菌感染，对疫点和疫区做好消毒工作，对猪舍的地面、墙壁、门窗、门拉手等，可用含1%有效氯的消毒液或0.5%过氧乙酸喷洒或擦拭消毒，对病死猪家庭的环境应进行严格消毒处理。

3. 保护易感人群

对猪链球菌病进行宣传教育，使生猪宰杀和加工人员认识到接触病死猪的危害，并做好自身防护。

4. 免疫接种

对猪注射猪链球菌病灭活苗，皮下注射 3 ~ 5 毫升或猪败血性链球菌病弱毒苗，皮下注射 1 毫升，免疫期均为 6 个月。

第四节　家禽常见疾病及防治

一、禽沙门氏菌病

禽沙门氏菌病是由沙门氏菌属种的一种沙门氏菌所引起的禽类的急性或慢性疾病的总称，属于二类动物疫病。由鸡白痢沙门氏菌所引起的称为鸡白痢；由鸡伤寒沙门氏菌引起的称为禽伤寒；由其他有鞭毛能运动的沙门氏菌所引起的禽类疾病则统称为禽副伤寒。本病主要特征：鸡白痢为排白色糊状粪便；禽伤寒为排黄绿色粪便、肝脏肿大并有坏死结节；禽副伤寒为下痢和内脏器官灶性坏死。

（一）流行特点

各品种的鸡对本病均有易感性，以 2 ~ 3 周龄以内雏鸡的发病率与病死率为最高，呈流行性。随着日龄的增加，鸡的抵抗力也增强。成年鸡感染常呈慢性或隐性经过。

一向存在本病的鸡场，雏鸡的发病率在 20% ~ 40%，但新传入发病的鸡场，其发病率显著增高，甚至有时高达 100%，病死率也比老疫场高。本病可经蛋垂直传播，也可水平传播。

（二）临床症状

1. 鸡白痢

鸡白痢表现为病禽精神萎靡，绒毛松乱，两翅下垂，缩头颈，闭眼昏睡，不愿走动，拥挤在一起。发病初期，食欲减少，而后停食，多数出现软嗉囊症状，同时腹泻，排稀薄如白色糨糊状粪便，致肛门周围被粪便污染，有的因粪便干结封住肛门周围，引发肛门周围炎症而引起疼痛，故常发出尖锐的叫声，最后因呼吸困难及心力衰竭而死亡。

2. 禽伤寒

禽伤寒潜伏期一般为 4 ～ 5 天。本病常发生于中鸡、成年鸡和火鸡。在年龄较大的鸡和成年鸡中，急性经过者突然停食、精神萎靡、排黄绿色稀粪、羽毛松乱、冠和肉髯苍白而皱缩。体温上升 1 ～ 3℃，病鸡可迅速死亡，但通常在 5 ～ 10 天死亡。病死率在雏鸡与成年鸡中有差异，一般为 10% ～ 50% 或更高些。雏鸡和雏鸭发病时，其症状与鸡白痢相似。

3. 禽副伤寒

禽副伤寒表现为病禽嗜睡呆立、垂头闭眼、两翅下垂、羽毛松乱、显著厌食、饮水增加、水样下痢、肛门粘有粪便、怕冷而靠近热源处或相互拥挤。病程为 1 ～ 4 天。雏鸭感染本病常见颤抖、喘息及眼睑肿胀等症状，常猝然倒地而死，故有"猝倒病"之称。

（三）防治

1. 加强育雏饲养的卫生管理，鸡舍及一切用具要注意经常清洁消毒。育雏室及运动场保持清洁干燥，饲料槽及饮水器每天清洗一次，并防止被鸡粪污染。育雏室温度维持恒定，采取高温育雏，并注意通风换气，避免过于拥挤。饲料配合要适当，保证含有丰富的维生素 A。防止雏鸡发生啄食癖。若发现病雏，要迅速隔离消毒。

2. 药物预防。雏鸡出壳后用福尔马林或高锰酸钾遵照说明用量，在出雏器中熏蒸 15 分钟。用 0.01% 高锰酸钾溶液作饮水 1 ～ 2 天。在鸡白痢易感日龄期间，用 0.02% 呋喃唑酮作饮水，或在雏鸡粉料中按 0.02% 比例拌入呋喃唑酮或按 0.5% 加入磺胺类药，有利于控制鸡白痢的发生。

二、禽痘

禽痘又称禽白喉，属于二类动物疫病，是由禽痘病毒引起的一种接触性传染病，通常分为皮肤型和黏膜型两类。以病禽体表无毛处皮肤痘疹（皮肤型），或在上呼吸道、口腔和食管部黏膜形成纤维素性坏死假膜（白喉型）为特征。

（一）流行特点

多种野生禽类较易感染，鸟类如金丝雀、麻雀、燕雀、鸽、椋鸟也常发生痘疹。发病季节主要是夏季和秋季，此时发病的绝大多数为皮肤型。冬季发病的较少，常为黏膜型。禽痘病毒通常存在于病禽落下的皮屑、粪便以及随喷嚏和咳嗽等排出的排出物中。

（二）临床症状

禽痘的潜伏期为 4 ～ 8 天，通常分为皮肤型和黏膜型。

1. 皮肤型

皮肤型禽痘以禽类头部皮肤多发，有时见于腿、脚、泄殖腔和翅内侧，形成一种特殊的痘疹。起初出现麸皮样覆盖物，继而形成灰白色小结，很快增大，略发黄，相互融合，最后变为棕黑色痘痂，经 20 ~ 30 天脱落。一般无全身症状。

2. 黏膜型

黏膜型也称白喉型，病禽起初流鼻液，有的流泪，2 ~ 3 天后在口腔和咽喉黏膜上出现灰黄色小斑点，很快扩展，形成假膜，如用镊子撕去，则露出溃疡灶，全身症状明显，采食与呼吸发生障碍。

（三）防治

患皮肤型禽痘的禽如患部破溃，可涂以紫药水；白喉型如咽喉假膜较厚，可用 2% 硼酸溶液洗净，再滴一两滴 5% 的氯霉素眼药水。除局部治疗外，每千克饲料加土霉素 2 克，连用 5 ~ 7 天，防止继发感染。新购入的鸡，要经过隔离观察 2 周，发现无异常情况后再合群。此病可用鸡痘疫苗预防。

三、鸡传染性喉气管炎

鸡传染性喉气管炎是由传染性喉气管炎病毒引起的一种急性、接触性上部呼吸道传染病，属于二类动物疫病。其特征是病禽呼吸困难、咳嗽和咳出含有血样的渗出物。剖检时可见病禽喉部、气管黏膜肿胀、出血和糜烂。

（一）流行特点

本病一年四季均可发生，秋冬寒冷季节多发。鸡群拥挤、通风不良、饲养管理不好、缺乏维生素、寄生虫感染等，都可促使本病的发生和传播。本病一旦传入鸡群，则会迅速传开，感染率可在 90% ~ 100%，死亡率一般在 10% ~ 20%，最急性型死亡率可在 50% ~ 70%，急性型一般在 10% ~ 30% 之间，慢性或温和型死亡率约 5%。

（二）临床症状

发病初期，常有数只病鸡突然死亡。患鸡初期有鼻液，半透明状，眼流泪，伴有结膜炎，其后表现为特征性呼吸道症状，呼吸时发出湿性啰音，咳嗽，有喘鸣音，病鸡蹲伏地面或栖架上，每次吸气时头和颈部向前向上、张口，尽力吸气。严重病例，高度呼吸困难，痉挛咳嗽，可咳出带血的黏液，可污染喙角、颜面及头部羽毛。在鸡舍墙壁、垫草、鸡笼、鸡背羽毛或邻近鸡身上沾有血痕。若分泌物不能咳出时，病鸡将窒息死亡。病鸡食欲减少或消失，迅速消瘦，鸡冠发育，有时还排出绿色稀粪。最后多因衰竭而死亡。产蛋鸡的产蛋量迅速减少或停止，康复后 1 ~ 2 个月才能恢复。

（三）防治

本病无特定的治疗方法，流行地区做好防疫工作。发病时，可用龙达三肽每套可注射1000羽成禽，并用抗菌药物防止继发感染。饲养管理用具及鸡舍要进行消毒。病愈鸡不可与易感鸡混群饲养。

四、鸡传染性支气管炎

鸡传染性支气管炎是由传染性支气管炎病毒引起的鸡的一种急性高度接触性呼吸道传染病，属于二类动物疫病。其临诊特征是病禽呼吸困难、发出啰音、咳嗽、张口呼吸、打喷嚏。如果病源不是肾病变形毒株或不发生并发病，死亡率一般很低。产蛋鸡感染通常造成产蛋量降低，蛋的品质下降。

（一）流行特点

本病感染鸡，无明显的品种差异。各种日龄的鸡都易感，但5周龄内的鸡症状较明显，死亡率可到15%～19%。发病季节多见于秋末至次年春末，但以冬季最为严重。环境因素主要是冷、热、拥挤、通风不良，特别是强烈的应激作用，如疫苗接种、转群等可诱发该病。传播方式主要是通过空气传播，此外，人员、用具及饲料等也是传播媒介。本病传播迅速，常在1～2天内波及全群。

（二）临床症状

本病自然感染的潜伏期为36小时左右。本病的发病率高，雏鸡的死亡率可超过25%，但6周龄以上的死亡率一般不高，病程一般多为1～2周。雏鸡、产蛋鸡感染的症状不尽相同。

1. 雏鸡

感染此病的雏鸡无前驱症状，全群几乎同时突然发病。最初表现为病禽呼吸道症状，流鼻涕、流泪、鼻肿胀、咳嗽、打喷嚏、伸颈张口喘气，夜间听到明显嘶哑的叫声。随着病情发展，症状加重，缩头闭目、垂翅挤堆、食欲不振、饮欲增加，如治疗不及时，有个别死亡现象。

2. 产蛋鸡

感染此病的产蛋鸡表现为轻微的呼吸困难、咳嗽、气管啰音，有呼噜声。精神不振、减食、拉黄色稀粪，症状不是很严重，有极少数死亡。发病第2天产蛋开始下降，1～2周下降到最低点，有时产蛋率可降到一半，并产软蛋和畸形蛋，蛋清变稀，蛋清与蛋黄分离，种蛋的孵化率也降低。

（三）防治

对传染性支气管炎目前尚无有效的治疗方法。饲养管理用具及鸡舍要经常进行消毒，病愈鸡不可与易感鸡混群饲养。定期注射疫苗预防。

1.发病时，可用龙达三肽每套可注射 1 000 羽成禽、2 000 羽初禽，一般注射一次即可。饮水每套 500 羽成禽、1 000 羽初禽，集中 3 ~ 4 小时饮完，一般饮水一次即可，病情严重者饮水两天、一天一次，并用抗菌药物防止继发感染。

2.使用咳喘康，开水煎汁半小时后，加入冷开水 20 ~ 25 千克作饮水，连服 5 ~ 7 天。同时，每 25 千克饲料或 50 千克水中再加入盐酸吗啉胍原粉 50 克，效果更佳。

3.每克多西环素原粉加水 10 ~ 20 千克任其自饮，连服 3 ~ 5 天。

4.每千克饲料拌入吗啉胍 1.5 克、板蓝根冲剂 30 克，任雏鸡自由采食，连服 3 ~ 5 天，可收到良好效果。

五、新城疫

新城疫是由新城疫病毒引起禽的一种急性、热性、败血性和高度接触性传染病，属于一类动物疫病。以高热、呼吸困难、下痢、神经紊乱、黏膜和浆膜出血为特征，具有很高的发病率和病死率，是危害养禽业的一种主要传染病。

（一）流行特点

病鸡是本病的主要传染源，鸡感染后临床症状出现前 24 小时，其口、鼻分泌物和粪便中就有排出的病毒。病毒存在于病鸡的所有组织器官、体液、分泌物和排泄物中。在流行间歇期的带毒鸡，也是本病的传染源。鸟类也是重要的传播者。病毒可经消化道、呼吸道，也可经眼结膜、受伤的皮肤和泄殖腔黏膜侵入机体。

该病一年四季均可发生，春秋两季较多。鸡场内的鸡一旦发生本病，可于 4 ~ 5 天内波及全群。

（二）临床症状

1.最急性型

此型多见于雏鸡和流行初期。常突然发病，无特征性症状而迅速死亡。往往头天晚上饮食活动如常，翌晨发现死亡。

2.急性型

患急性型新城疫的禽表现为有呼吸道、消化道、生殖系统、神经系统异常。往往以呼吸道症状开始，继而下痢。起初体温升高，在 43 ~ 44℃，呼吸道症状表现为咳嗽、黏液增多、呼吸困难而引颈张口、呼吸出声，鸡冠和肉髯呈暗红色或紫色。精神委顿，食欲减少或丧失，渴欲增加，羽毛松乱，不愿走动，垂头缩颈，翅翼下垂，眼半闭或全闭，状似昏睡。母鸡产蛋停止或产软壳蛋。病鸡咳嗽，有黏性鼻液，呼吸困难，有时伸头，张口呼吸，发出咯咯的喘鸣声，或突然出现怪叫声。口角流出大量黏液，为排出黏液，常甩头或吞咽。嗉囊内积有液体状内容物，倒提时，常从口角流出大量酸臭的暗灰色液体。排黄绿色或黄白色水样稀便，有时混有少量血液，后期粪便呈蛋清样。部分病例中，出现神经症状，如翅、腿麻痹，站立不稳，水禽、鸟等不能飞动、失去平衡等，最后体温下降，不久在昏迷中死去，死亡率超过90%。1月龄内的雏禽病程短，症状不明显，死亡率高。

3.慢性型

慢性型多发生于流行后期的成年禽。耐过急性型的病禽，常以神经症状为主，初期症状与急性型相似，不久有好转，但出现神经症状，如翅膀麻痹、跛行或站立不稳，头颈向后或向一侧扭转，常伏地旋转，反复发作。在间歇期内一切正常，貌似健康。但若受到惊扰刺激或抢食，则又突然发作，头颈屈仰，全身抽搐旋转，数分钟又恢复正常。最后导致瘫痪或半瘫痪，或者逐渐消瘦，终至死亡，但病死率较低。

（三）防治

1.预防

首次绝疫1~3日龄，注射Ⅱ系、Ⅳ系或克隆株疫苗。二免：首免后1~2周，注射Ⅱ、Ⅳ系或克隆株疫苗。三免：二免后2~3周，注射活苗+灭活苗。四免：8~10周龄，注射Ⅳ系或克隆株或点眼。五免：16~18周龄，注射活苗+灭活苗。产蛋期：根据抗体水平及时补免或两个月免疫1次活疫苗。在做好免疫的同时，加强饲养管理，做好消毒工作。

2.对症治疗

目前无特效治疗，必须及早淘汰。治疗常用抗病毒药：安乃近退烧解表，β-内酰胺类抗生素用于防止继发感染。中药治疗方案：生石膏1 200克，生地黄300克，水牛角600克，黄连200克，栀子300克，牡丹皮200克，黄芩250克，赤芍250克，玄参250克，知母300克，连翘300克，桔梗250克，炙甘草150克，淡竹叶250克，地龙200克，细辛5克，姜片10克，板蓝根150克，青黛100克，共同粉碎，按0.5%~1%比例拌料或水煎药液饮水。

六、高致病性禽流感

高致病性禽流感是禽流行性感冒的简称，又称鸡瘟，属于一类动物疫病，是由A型禽流行性感冒病毒引起的一种禽类（家禽和野禽）传染病。禽流感病毒可分为高致病性、低致病性和非致病性三大类。其中高致病性禽流感是由H5和H7亚毒株（以H5N1和H7N7为代表）引起的疾病，其主要特征为发热、咳嗽，伴有不同程度的急性呼吸道炎症。

（一）流行特点

高致病性禽流感在禽群之间的传播主要依靠水平传播，病毒可以随病禽的呼吸道、眼鼻分泌物、粪便排出，禽类通过消化道和呼吸道途径感染发病。被病禽粪便、分泌物污染的任何物体，如饲料、禽舍、笼具、饲养管理用具、饮水、空气、运输车辆、人、昆虫等都可能传播病毒。而垂直传播的证据很少，但通过实验表明，实验感染鸡的蛋中含有流感病毒，因此不能完全排除垂直传播的可能性。所以不能用污染鸡群的种蛋作孵化用。

禽流感病毒可通过消化道和呼吸道进入人体传染给人，人类直接接触受禽流感病毒感染的家禽及其粪便或直接接触禽流感病毒也可以被感染。飞沫及接触呼吸道分泌物也是传播途径。如果直接接触带有相当数量病毒的物品，如家禽的粪便、羽毛、呼吸道分泌物、血液等，也可经过眼结膜和破损皮肤进入机体继而引起感染。

（二）临床症状

禽流感病毒感染后可以表现为轻度的呼吸道症状、消化道症状，死亡率较低；或表现为较严重的全身性、出血性、败血性症状，死亡率较高。高致病性禽流感病毒可以直接感染人类，并造成死亡。

（三）防治

1.流感病毒疫苗接种是当前人类预防流感的首选措施，然而，由于流感病毒血清型众多，一旦流感病毒疫苗株和流行株的抗原性不匹配，就会导致疫苗失效，无法提供相应的保护；同时，由于流感病毒变异的速度很快，疫苗研发的速度落后于病毒变异的速度，新的流行株出现后，其对应疫苗的制备至少需要6个月的时间，造成疫苗制备一直处于被动状态，故无论是传统灭活疫苗，还是基因工程疫苗、核酸疫苗等新型疫苗都无法对所有类型的流感病毒提供交叉保护。

2.禽流感病毒对乙醚、氯仿、丙酮等有机溶剂敏感。常用消毒剂容易将其灭活，如氧化剂、稀酸、十二烷基硫酸钠、卤素化合物（如漂白粉和碘剂）等都能迅速破坏其传染性。

3.禽流感病毒对热比较敏感，在65℃的温度下加热30分钟或煮沸（100℃）2分钟以上可灭活。病毒在粪便中可存活1周，在水中可存活1个月，在pH值<4.1的条件下也具有存活能力。病毒对低温抵力较强，在有甘油保护的情况下可保持活力1年以上。病毒在阳光直射下40～48小时即可灭活，如果用紫外线直接照射，可迅速破坏其传染性。

七、鸡马立克病

鸡马立克病是由疱疹病毒引起的一种淋巴组织增生性疾病，其特征是病鸡的外周神经、性腺、虹膜、各种脏器、肌肉和皮肤等部位的单核细胞浸润和形成肿瘤病灶。

（一）流行特点

本病最易发生在 2～5 月龄的鸡只，它主要通过直接接触或经空气传播间接接触。绝大多数鸡在生命的早期，吸入有传染性的皮屑、尘埃和羽毛引起鸡群的严重感染。带毒鸡舍的工作人员的衣服、鞋靴以及鸡笼、车辆都可成为该病的传播媒介。

（二）临床症状

据症状和病变发生的主要部位，本病在临床上分为四种类型：神经型（古典型）、内脏型（急性型）、眼型和皮肤型。有时可以混合发生。

1. 神经型

主要侵害外周神经，其中侵害坐骨神经最为常见。病鸡步态不稳，发生不完全麻痹，后期则完全麻痹，不能站立，蹲伏在地上，臂神经受侵害时则被侵侧翅膀下垂，呈一腿伸向前方、另一腿伸向后方的特征性姿态；当侵害支配颈部肌肉的神经时，病鸡发生头下垂或头颈歪斜；当迷走神经受侵时则可引起失声、嗉囊扩张以及呼吸困难；腹神经受侵时则常有腹泻症状。

2. 内脏型

多呈急性暴发，常见于幼龄鸡群，开始以大批鸡精神委顿为主要特征，几天后部分病鸡出现共济失调，随后出现单侧或双侧肢体麻痹。部分病鸡死前无特征性临床症状，很多病鸡表现为脱水、消瘦和昏迷。

3. 眼型

出现于单眼或双眼，导致病鸡视力减退或消失。虹膜失去正常色素，呈同心环状或斑点状以至弥漫的灰白色。瞳孔边缘不整齐，到严重阶段瞳孔只剩下一个针头大的小孔。

4. 皮肤型

此型一般缺乏明显的临诊症状，往往在病鸡宰后拔毛时发现：其羽毛囊增大，形成淡白色小结节或瘤状物。此种病变常见于大腿部、颈部及躯干背面生长粗大羽毛的部位。

（三）防治

加强饲养管理和卫生管理，坚持自繁自养，执行全进全出的饲养制度，避免不同日龄鸡混养；实行网上饲养和笼养，减少鸡只与羽毛粪便接触；严格执行卫生消毒制度，加强检疫，及时淘汰病鸡和阳性鸡。疫苗接种是防治本病的关键。在进行疫苗接种的同时，鸡群要封闭饲养，尤其是育雏期间应搞好封闭隔离，可减少本病的发病率。疫苗接种应在 1

日龄进行，有条件的鸡场可进行胚胎免疫，即在 18 日胚龄时进行鸡胚接种。

八、鸡传染性法氏囊病

鸡传染性法氏囊病又称甘波罗病，是传染性法氏囊病毒引起的一种急性、高度传染性疾病，属于二类动物疫病，主要特征为病鸡腹泻、颤抖，法氏囊、腿肌和胸肌、腺胃和肌胃交界处出血。幼鸡感染后发病率高、病程短、常继发感染、死亡率高，且可引起鸡体免疫抑制。

（一）流行特点

自然条件下，本病只感染鸡，所有品种的鸡均可感染，但不同品种的鸡中，白来航鸡比重型品种的鸡敏感，肉鸡较蛋鸡敏感。本病仅发生于 2 ~ 15 周龄的小鸡，3 ~ 6 周龄为发病高峰期。病毒主要随病鸡粪便排出，污染饲料、饮水和环境，使同群鸡经消化道、呼吸道和眼结膜等感染；各种用具、人员及昆虫也可以携带病毒，扩散传播；本病还可经蛋传播。

（二）临床症状

雏鸡群突然大批发病，2 ~ 3 天内可波及 60% ~ 70% 的鸡，发病后 3 ~ 4 天死亡达到高峰，7 ~ 8 天后死亡停止。病初病鸡精神沉郁，采食量减少，饮水增多，有些自啄肛门，排白色水样稀粪，重者脱水，卧地不起，极度虚弱，最后死亡。耐过雏鸡贫血消瘦，生长缓慢。

（三）防治

1. 鸡传染性法氏囊病高免血清注射液，3 ~ 7 周龄鸡，每只肌注 0.4 毫升；大鸡酌加剂量；成鸡注射 0.6 毫升，注射 1 次即可，疗效显著。

2. 鸡传染性法氏囊病高免蛋黄注射液，每千克体重 1 毫升肌肉注射，有较好的治疗效果。

3. 中药治疗。方药：蒲公英 200 克、大青叶 200 克、板蓝根 200 克、双花 100 克、黄芩 100 克、黄檗 100 克、甘草 100 克、藿香 50 克、生石膏 50 克。水煎 2 次，合并药汁得 3 000 ~ 5 000 毫升，为 300 ~ 500 羽鸡一天用量，每日 1 剂，每只鸡每天 5 ~ 10 毫升，饮水，连用 3 ~ 4 天；或打成粉剂拌料饲喂。

4. 预防接种。预防接种是预防鸡传染性法氏囊病的一种有效措施。目前我国批准生产的疫苗有弱毒苗和灭活苗。

九、鸡产蛋下降综合征

鸡产蛋下降综合征是由禽类腺病毒引起的鸡的一种传染病，属于二类动物疫病。鸡感染禽类腺病毒后影响整个产蛋期的生产，主要特征为群发性产蛋率下降、产软壳蛋和畸形蛋。

（一）流行特点

各种年龄的鸡均可感染，但幼龄鸡不表现临床症状；尤以 25 ～ 35 周龄的产蛋鸡最易感。可使产蛋鸡群产蛋率下降 10% ～ 50%，蛋破损率为 38% ～ 40%，无壳蛋、软蛋壳可达 15%。本病主要经种蛋垂直传播，也可水平传播，尤其是产褐壳蛋的母鸡易感性高。笼养鸡比平养鸡传播快，肉鸡和产褐壳蛋的重型鸡较产白壳蛋的鸡传播快。

（二）临床症状

感染鸡无明显症状，主要特征为：突然出现群体性产蛋下降，同时有色蛋蛋壳的色泽消失，生产出薄壳、软壳、无壳蛋和小型蛋。薄壳蛋蛋壳粗糙像砂纸，或蛋壳一端有粗颗粒，蛋白呈水样。蛋壳无明显异常的种蛋受精率和孵化率一般不受影响。病程可持续 4 ～ 10 周，产蛋下降幅度为 10% ～ 50%，发病后期产蛋率会回升；有的达不到预定的产蛋水平，或开产期推迟，有的出现一过性腹泻。

（三）防治

本病无特异性治疗方法。为避免本病的垂直感染，应从非疫区鸡群引种。采取综合防治措施，合理搭配日粮，加强鸡场和孵化场消毒，防止由带毒的粪便、蛋盘和运输工具传播该病；在鸡开产前 2 ～ 4 周，用鸡产蛋下降综合征油乳剂灭活疫苗或含有鸡产蛋下降综合征抗原的多联油乳剂灭活疫苗免疫，免疫力可持续 1 年。

第六章　畜禽粪污资源化利用技术

第一节　畜禽养殖污染来源及主要危害

一、对水体的影响

畜禽粪污一般通过两种途径进入水体，一是在饲养过程中直接排放进入水环境；二是在堆放贮存过程中因降雨或其他原因进入水体。当进入水体中的粪污总量超过水体能够自然净化的能力时，就会改变水体的物理、化学性质和生物群落组成，使水质变坏，严重时使水体发黑、变臭，失去使用价值且极难治理恢复，造成持久性的污染。

畜禽粪污长期堆置或排放到附近的水沟、洼地，污染了水体，还有一部分污染物经地表径流和土壤渗滤进入地表水体、地下水层，过多的氮、磷使得水生生物特别是藻类大量繁殖，消耗水中的溶解氧，造成水体富营养化，给人畜健康造成危害。

二、对土壤的影响

随着畜牧业的发展，畜禽污染物大量增加，特别是固体类的畜禽污染物。对于养殖户，由于养殖规模较小，一般畜禽粪污作为有机肥料施入农田来消化，不会产生严重的环境污染。但是对于比重不断增大的规模养殖场情况完全不同。由于粪污产生量大，过于集中，且没有相应的配套耕地消纳。未经处理的粪污堆积和排放，占据了土地资源，粪污中的污染物在土壤中积累，可导致土壤孔隙堵塞，造成土壤透气、透水性下降及板结，使土壤的生产力明显降低，给土壤环境造成威胁；并可使作物徒长、倒伏、晚熟或不熟，造成减产，甚至毒害作物使之腐烂。

随着饲料工业的发展，一些金属类药物和添加剂被广泛应用，这些金属制剂经畜禽消化道后随着粪污一起排到外界环境中，施入土壤后造成土壤环境中的重金属元素明显增加，对生物和农作物产生毒害作用，使土壤失去价值。

此外，畜禽粪污中含有大量的氮、磷，它们进入土壤后，在土壤理化性质和微生物的作用下转化为硝酸盐和磷酸盐，过高的硝酸盐和磷酸盐同样会降低土壤的生产力，对农作物产生毒害作用。

三、对大气环境的影响

养殖场产生的恶臭气体中含有大量的氨、硫化物、甲烷等有毒、有害成分，会影响周围的空气质量。据研究，奶牛、猪和蛋鸡饲料中 70% 的氨被排泄出来，肉鸡饲料中 50% 的氨变成了粪便。在高温下，这些粪便发酵以及含硫蛋白分解会产生大量氨气和硫化氢等臭味气体，造成空气中含氧量相对下降，污浊度升高，降低空气质量。不仅如此，一些国家研究表明畜禽养殖业排放的氨气是导致酸雨的主要因素。

氨、甲基硫醇、硫化氢等恶臭物质在畜禽粪尿中的含量很高，会危害周围居民身体健康，并且影响畜禽的正常生长。如氨具有刺激性气味，易溶于水，在畜禽舍中常被溶解或吸附在潮湿的地面、墙壁上，对人体黏膜刺激性大，易引起黏膜充血、支气管炎等；硫化氢是一种无色、易挥发刺激作用很强的气体，易引起眼结膜炎、鼻炎等。畜牧业生产过程中还排放同全球气温升高有关的温室效应气体，如甲烷、氧化亚氮等。

四、对人体健康和畜牧业发展的影响

畜禽粪污中含有大量的病原微生物、寄生虫卵以及滋生的蚊蝇，会使环境中病原种类增加、菌量增多，出现病原菌和寄生虫的大量繁殖，导致传染病和寄生虫病的蔓延。在这种环境中仔猪（鸡）成活率低、育肥猪增重慢、料肉（蛋）比增高，阻碍了畜禽养殖业的发展。尤其是人畜共患病时，会发生疫情，给人畜带来严重危害。畜禽粪污污染地下水也会对人体健康造成危害，畜禽粪污使得饮用水源（无论是地表水还是地下水）状况恶化。另外，处理不当的畜禽养殖粪污还会造成农产品微生物、重金属等污染，威胁食品安全，影响人体健康。

近年来，由于畜禽养殖业发展迅速，已经成为农村经济最具活力的增长点，对保障消费者"菜篮子"供给、促进农民增收致富、活跃农村经济发挥了重要作用。但是，由于畜禽养殖业更多的是自发、单纯地面向市场需求发展，导致畜禽养殖业布局不合理，种养脱节，加之畜禽养殖污染治理和综合利用设施不到位，大量畜禽粪污得不到有效处理并进入循环利用环节，导致畜禽养殖污染日益严重。

五、畜禽养殖粪污处理利用基本思路

畜禽养殖粪污中含有多种有机成分，未经过处理直接排放，将对环境造成污染，但是如果经过无害化处理后，粪污中的多种有机成分能转变成植物生长所需要的养分，成为有用的资源。畜禽粪污中的氮、磷等含量与饲料养分代谢有关，污水量受生产管理环节等因素的影响。因此，畜禽粪污处理利用应综合考虑粪污的来源、影响因素、利用价值以及处理成本等，基于以下思路选择适当的处理利用方法。

（一）源头削减，预防为主

畜禽摄食的日粮养分中，只有部分能被吸收，用于其生长和繁殖，其余的养分则随排泄物进入环境。解决畜禽养殖废弃物污染问题应从动物日粮入手，通过科学的日粮配制技术和生物技术在饲料中的应用，提高饲料中营养物质利用率，减少排泄物产生量。

通过降低日粮中营养物质（主要是氮和磷）的浓度、提高日粮中营养物质的消化利用、减少或禁止使用有害添加物以及科学合理的饲养管理措施，减少畜禽排泄物中氮、磷养分及重金属的含量。饲料源头减排技术的优点在于既能减少部分饲料养分投入，节约饲料资源，也能减少环境污染。但饲料源头减排不应以牺牲动物的生产性能为代价，而应平衡生产效益和环境效益之间的关系。

另外，通过选择优良品种、严格执行雨污分流、改善畜禽舍结构、改进清粪工艺等措施从源头减少污染物排放。

（二）种养结合，利用优先

畜禽粪污中含农作物生长所需要的氮、磷等养分，如果利用得当，是很好的农业资源。因此，优先选择对畜禽养殖粪污进行循环利用，发展生态农业，通过种植业和养殖业的有机结合，实现畜禽生产与环境建设的协调发展。

需要注意的是，基于养殖污水的液体肥料，由于运输比较困难，且成本较高，提倡就近利用。因此，要求养殖场周围具有足够的农田面积，不仅如此，由于农业生产中的肥料使用具有季节性，应采用足够的设施对非施肥季节的液体肥料进行贮存。对液体肥料的农业利用，要制订合理的规划并选择适当的施用技术及方法，既要避免施用不足导致农作物减产，也要避免施用过量而给地表水、地下水和土壤环境带来污染，实现养殖粪污资源化和环保效益双赢。

（三）因地制宜，合理选择

由于各地经济社会发展水平不同、养殖场周围的自然条件各不相同，规模不一，环境要求也有较大差异，无论哪种粪污处理利用技术都无法满足所有养殖场的技术需求。因此，应综合考虑地区社会经济发展水平、资源环境条件以及环境保护具体目标，根据畜禽养殖场的实际需要，采取不同的污染治理工程措施，切实解决养殖场的污染治理问题。

（四）全面考虑，统筹兼顾

对于畜禽粪污、养殖污水的处理较固体粪便处理难度大，可根据既定的污水处理方式，选择适当的生产工艺或清粪方式，但不可将生产或清粪方式与后续的污水处理方式完全割裂开来。例如，对于采用水泡粪清粪工艺的规模化猪场，其粪污处理宜采用沼气工程技术，如果选择达标排放处理技术，无形中将增加后处理难度。对于干清粪养殖场，养殖污水中的固体物含量较少，如果采用 CSTR 反应器对养殖污水进行厌氧处理，为了确保反应器的工作效率，则往往需要向污水中添加固体粪便，将清理出来的固体粪便再加到污水中。显然，该场的粪污管理的前后环节不配套、不合理。对于垫料养殖的畜禽场，由于养殖场的污水量很小甚至为零，因此，就不必建设污水处理设施。

正因为畜禽生产工艺、清粪方式对养殖污水的有机物含量和污水量都有很大的影响，在选择养殖污水处理技术时，应充分考虑影响养殖污水产生的各个环节，确定最佳的污水处理工艺。

第二节 畜禽养殖粪污处理利用技术

一、畜禽养殖污染源头预防技术

（一）粪污处理区布局

根据功能，养殖场通常分为生活管理区、辅助生产区、生产区和粪污处理区。粪污处理区应位于养殖场生产区的常年下风向、地势低洼处，与主要生产设施之间保持 100 m 以上的距离。处理区域应单独设置出入大门。

（二）畜禽科学饲喂技术

采用选择优良品种、科学饲养、科学配料、应用无公害添加剂和高新技术改变饲料品质及物理形态（如生物制剂处理技术、饲料颗粒化技术、饲料热喷技术）等措施，提高畜禽饲料的利用率，特别是氮的利用率，降低畜禽养殖污染物中氮的含量及恶臭气体的排放。

畜禽养殖饲料应采取合理配方，在饲料中补充合成氨基酸，提高蛋白质及其他营养的吸收效率，减少氮的排放量和粪便产生量。畜禽养殖饲料中添加微生物制剂、酶制剂和植物提取液等活性物质，减少污染物排放和恶臭气体的产生。在饲料中添加双歧杆菌、嗜酸乳杆菌等均能减少动物的氨气排放量，净化畜禽舍空气，降低粪尿中氮的含量，减少对环境的污染。

（三）干清粪技术

新建、改扩建养殖场宜采用干清粪技术。现有采用水冲粪、水泡粪清粪技术的养殖场，应逐步改为干清粪技术。根据养殖场规模情况可选择人工或机械干清粪工艺。采用干清粪技术将粪污分离为固态粪便和液态污水，有利于从源头上削减污染物的产生量，有利于粪污的处置和利用，可节约用水 40% ~ 50%；污水中的 COD、氨氮、总磷和总氮等指标分别降低约 88%、55%、65% 和 54%。按清粪方式将养殖场粪污分为人工清粪和机械清粪。

（四）雨污分流技术

雨水采用沟渠输送。在畜禽舍的屋檐雨水侧，修建或完善雨水明渠，雨水明渠的基本尺寸为 0.3m × 0.3 m，可根据情况适当调整。畜禽舍屋面雨水由导水槽收集后，经排水立管（可采用直径 100mm 的 PVC 管）直接导入雨水明渠。

污水采用暗沟（管）输送。污水沟设置在畜禽舍内或屋檐内侧，尿液和冲洗污水由舍内污水沟经暗管与舍外排污暗沟（管）相连，最后汇集到场区粪污处理系统（大中型养殖场）或污水贮存设施（小型养殖场）。采用重力流输送的污水管道管底坡度不低于 2%。对规模养殖场，采用暗沟（管）输送方式，既能做到减少污水产生量、降低能耗，又能保证场区环境卫生，所需主要配套设备是输送泵及土建工程。

（五）粪污的贮存技术

1. 贮粪池

干清粪收集的固体粪便运至贮粪池。贮粪池应采取有效的防雨、防渗漏、防溢流措施；池深宜 1 ~ 1.5 m；池体四周墙壁采用实心砖砌筑，墙面水泥砂浆抹光，浆厚度不得低于 10 mm；地面夯实浇筑 20 cm 厚混凝土，设排污沟，粪便渗滤液通过排污沟排入污水贮存池；上面搭建雨棚；贮粪池周围设置排雨水沟，防止雨水径流进入设施内，排雨水沟不得与排污沟并流。贮粪池周围应设置明显标志以及围栏等防护设施。宜设专门通道直接与外界相通，避免粪便运输经过生产区。

2. 污水贮存池

污水贮存池可建成单池或三格式，有地下和地上两种形式，池体有效深度为 1.5 ~ 2 m。在地势较低的地形条件下，适合建地下贮存池，池底应在地下水位的 60 cm 以上；在地势平坦的场区，适合于建设地上贮存池。池底采用 20 cm 混凝土浇筑结构；四周墙壁采用实心砖砌筑，墙面水泥砂浆抹光防渗；上面加水泥盖板或设顶棚防降雨进入；污水贮存池周围应设置导流渠，防止径流、雨水进入设施内；污水贮存池周围应设置明显的标志和围栏等防护设施。三格式每格池体进出水口均开口于隔墙顶部一侧，交错，进出口、漫溢口均设栏网，便于截留浮渣，进水管道直径最小为 300 mm。应定期清除贮存池底部淤泥。

贮粪池和污水贮存池所在区域宜设专门通道直接与外界相通，避免粪污运输经过生活及生产区。

（六）养殖场臭气污染控制技术

养殖场区应通过控制饲养密度，加强舍内通风，采用节水型饮水器，及时清粪、绿化等措施减少臭气的产生。粪污处理各工艺单元宜设计为密闭形式，减少恶臭对周围环境的污染。臭气控制技术有物理除臭技术、化学除臭技术和生物除臭技术。

二、畜禽养殖粪污厌氧消化及发酵产物利用技术

畜禽养殖粪污厌氧消化及发酵产物综合利用技术是指在厌氧条件下，通过微生物作用将粪污中的有机物转化为沼气。厌氧消化可降低粪污中有机物的含量，减少体积，并可产

生沼气（清洁能源），发酵后沼气经脱硫脱水后可通过发电、直燃等方式实现利用，沼液、沼渣等可以作为农用肥料回田。

（一）粪污厌氧消化技术

1. 粪污厌氧消化技术优缺点

主要优点：一是变废为宝，二是改善养殖场环境，三是减少疾病传播。

主要缺点：一是厌氧发酵受温度影响，冬季温度低，产气慢且效率低，特别是在寒冷地方冬季粪污处理效果差；二是大中型养殖场由于污水量大，需要建设的沼气工程设施投资大，且运行成本高，养殖场难以承受；三是沼渣沼液若处理利用不当，将导致二次污染；四是厌氧消化池对建筑材料、建设工艺、施工等要求较高，任何环节稍有不慎，易造成漏气或不产气，影响正常运行。

2. 粪污厌氧消化技术主要形式

目前养殖粪污处理的厌氧消化工艺有全混合式厌氧工艺、升流式厌氧反应器、升流式固体反应器等，根据养殖场实际情况进行选择应用。

（二）畜禽粪污厌氧发酵产物利用技术

1. 沼气发电技术

纯烧沼气发电机组是利用纯沼气发动机，以沼气为燃料，配用三相无刷交流发电机组成的发电机组，为固定式机组。机组安装配套后，接通气路、电路后即可运行。由养殖场粪便污水经厌氧发酵后产生的沼气，经过脱水、脱硫后，引入纯烧沼气发动机燃烧室，燃烧后产生的膨胀气体推动活塞、连杆进行做功，进而带动三相交流发电机发出强大的电力供使用。

沼气发电机组主要由三部分组成，沼气发动机、三相无刷交流发电机、自动化运行控制台。沼气发电机组机型选择，主要取决于养殖规模、厌氧沼气装置的容积，还有用电负荷所要启动的最大单机动力的功率。

2. 沼气直燃技术

沼气直燃技术是采用沼气直接燃烧以产生热能，通过锅炉或专用灶具实现沼气能量的利用。沼气的热值是 $35.9MJ/m^3$，与煤炭相当。

三、畜禽养殖污水处理技术

对于无法实现农业利用的沼液，或采用粪便堆肥技术而排放的污水，应利用厌氧＋好氧的方式进行处理。污水依次经过初次沉淀池、厌氧反应器、好氧反应器、二次沉池等处理设施，出水排放或回用。

（一）预处理技术

畜禽养殖污水处理前应进行预处理，预处理包括格栅、沉砂池、固液分离系统、沉淀池等。

1. 格栅

在大中型养殖场污水处理系统中，较多采用固定式格栅。污水进入集水池之前安装固定格栅，栅条间距一般为 15 ~ 30 mm，用以在污水进入集水池前拦截较大的杂物。格栅一般可采用不锈钢材料，并制作成可移动式以便于清洗。

2. 沉砂池

沉砂池的功能是从污水中分离密度较大的颗粒。沉砂池一般设于泵站及沉淀池之前，这样既能够使发动机件免受磨损，减少沉淀池的负荷，又能使无机颗粒和有机颗粒分离，便于分别处理和处置。沉砂池的工作是以重力分离为基础，就是将沉砂池内的污水流速控制到只能使密度大的无机颗粒沉淀的程度。

沉砂池适用于所有的畜禽养殖污水处理工程。一般池体为砖砌，每立方米造价在 250 ~ 350 元，是一个不可缺少的污水前处理设施。在养殖污水处理中最常用的情况是每栋栏舍建一个 3 ~ 5 m³ 的沉砂池，沉于底部的砂粒和颗粒较大的悬浮物人工清理。

3. 固液分离系统

目前养殖场应用最多的是自流式滤粪（柜）系统和固液分离机。

（1）自流式滤粪（柜）系统

该装置采用不锈钢材质或木质框架制作而成。整个滤粪系统由多个不锈钢滤网并联组合而成，利用地势高低差的水头压力，将污水经 PVC 管（管径约 110 mm）自流注入滤粪柜，污水在重力作用下经滤网析出，粪渣则被截留于粪柜内。

该系统具有造价低、牢固耐用、滤粪效果好、管理操作方便等优点。

（2）固液分离机

应用于畜禽养殖固液分离的主要有挤压式螺旋分离机、离心分离机等。

4. 沉淀池

沉淀池以平流和竖流式的沉淀池应用最多。新鲜的畜禽污水有比较好的沉淀性能。但由于畜禽污水厌氧发酵速度快，特别是在夏天气温较高时，沉于底部的粪渣若不及时清理，因厌氧发酵产生的沼气会将粪渣一起带至表面，形成表面浮渣层。

（二）好氧处理技术

好氧处理技术就是在有氧的条件下，借助好氧微生物和兼氧微生物的代谢作用，将污水中部分有机物氧化分解为简单的无机物，如二氧化碳、氮气、硝酸盐等，并释放能量，而把另一部分有机物代谢合成新的细胞物质（原生质），从而使微生物不断生长繁殖，产生更多的微生物（也就是污水处理中形成的剩余污泥）。根据曝气方式、污泥在反应器中的存在状态以及运转方式，好氧处理工艺主要有完全混合活性污泥法、序批活性污泥法（SBR）、接触氧化法等，一般需要专业设计，运行管理要求较高。

（三）后处理技术

对于养殖污水处理而言，后处理即进一步去除 N、P 等营养性污染物的过程，处理中通常采用自然处理方法，如人工湿地、氧化塘等。对于畜禽养殖污水处理而言，要达标排放，必须经过后处理，而当前经济上可行、技术上稳定的后处理技术还是以人工湿地和氧化塘为主，其他后处理技术在畜禽养殖污水处理上应用还很少，且不成熟。人工湿地、氧化塘等自然处理系统不能用于处理高浓度的污水，因此，在养殖污水的处理中仅用于经厌氧、好氧处理后的污水进一步深度脱氮除磷。这些处理方式受土地条件、自然条件影响较大。

四、发酵床养殖技术

将锯末屑、稻壳、米糠和微生物菌种混合成垫料，进行水分调节、混合搅拌和堆积发酵后，铺在猪舍内制成发酵床，降解、消化猪排出的粪尿，减少臭气（硫化氢、氨气等）。发酵床需定期进行清理，垫料物质和粪尿混合物用于生产有机肥或直接用作肥料。与传统养殖技术相比，无须采取清粪和粪污处理措施，节约用水约 80%，猪场及其周围无恶臭，污水可实现近零排放，而且相对省工节粮，减少药物使用，提高猪肉品质。主要缺点是建设成本高，猪舍占地面积大；夏季猪舍温度过高，发酵床湿度不好控制；猪舍内不能使用化学消毒药品和药物；发酵床养猪转群不方便等。

（一）猪舍的建设

一般要求猪舍采光充分，通风良好。单个圈体宜在 $20 \sim 40 \text{ m}^2$，高度为 $2.5 \sim 3.5 \text{ m}$，圈舍跨度 $9 \sim 13 \text{ m}$。小猪的饲养密度为 $0.75 \sim 1.0 \text{ m}^2/$ 头，大猪的饲养密度为 $1.5 \sim 2 \text{ m}^2/$ 头。如果设置临时休息台，水泥台宽度宜为 $1.2 \sim 1.5 \text{ m}$，台面面积一般为猪栏面积的 20%，通风控制在换气率 $1.0 \sim 1.25$ 次 / 分钟，风速为 $2.5 \sim 3.0 \text{ m/s}$。

（二）发酵床的制作

发酵床分为地下式、地上式、半地下式三种方式。

地下式发酵床的优点是建设成本相对较低，保温性能好，但透气性较差，且日常养护成本较高，适用于北方干燥或地下水位较低的地区。地下式发酵床应该下挖 $60 \sim 100 \text{ cm}$，铺上垫料后与地面平齐，地面不用打水泥，直接露出泥土即可在上面放垫料。在建筑墙面一侧，要注意砌挡土墙，不能让泥土塌下来，中间的隔墙则直接建设在最低泥地上，隔墙高至少 1.8 m，其中 0.8 m 用于挡住垫料层，1 m 用于猪栏的间隔墙。

地上式发酵床的优点是能够保持猪舍干燥，防止高地下水位地区雨季返潮，但建设成本较高，适用于南方地区以及地下水位较高的地区。需要在床周围砌矮墙，在土地面上直接铺垫料即可，圈舍一般尽量做成开放式或半开放式。要注意避免下雨天将圈舍弄湿，地基过湿的应采取必要的防渗措施，还要注意大风大雨时防止雨水飘到垫料上。

半地下式发酵床，可在地下挖 30 ~ 50 cm（视当地情况而定），保证垫料层高度在 60 ~ 100 cm 即可。

垫料原料有锯末屑、稻壳、米糠、生物菌种，要求新鲜、无霉变、无腐烂、无异味。生物菌种要繁殖速度快、抗逆性强，具有快速激活能力和很强的产酶能力。在计算垫料原料时，由于干的稻壳和锯末屑较疏松，垫料堆积发酵使用一个月以后体积会减小 30%，因此要多预算 20% 的量进行发酵。垫料发酵的操作步骤：第一步，将猪舍按照栏数分成单元，一个单元作为一堆。将稻壳和锯末屑按比例铺好，稻壳在下锯末屑在上，铺到设定高度后找平表面。第二步，将按比例计算好的米糠平铺，将菌种撒在上面，反复混合均匀，然后将"菌种米糠"混合物均匀地铺散在锯末屑表面。第三步，将铺设好的垫料进行二次混合调水，使其水分达到 45%，即手捏紧松开后，垫料不结团，手上无水滴。第四步，将混合好的垫料堆成梯形或锥形。当垫料体积在 30 m³ 以内时堆成一堆，当大于 30 m³ 时可堆积成两堆，每堆高度均不得低于 1.5 m，尽可能集中。垫料温度保持在 60 ℃以上 48 小时。第五步，当第一次堆积发酵温度达 60 ℃以上保持 48 小时后即可进行第二次发酵。将表面和触地 30 cm 未发酵的部分移至第二次发酵的中心位置，外面和触地部分用发酵好的垫料包裹后进行发酵。当温度持续 60 ℃以上保持 48 小时，垫料发酵完成，将垫料摊开、铺平，表面冷却 24 小时至常温可进猪使用。

五、土地利用畜禽粪污技术

（一）农田的粪污承载量

畜禽粪污中含有大量氮、磷、钾等物质，可以为植物生长提供养分，经过处理后的畜禽粪便是优质的有机肥源，但是不能无限制地使用，施量过多，会导致环境污染。由于畜禽养殖规模化程度的提高，在一些地方，畜禽粪污施用已超过当地农田土地的粪污承载量，如何确定农田的粪污承载量已经成为畜禽粪污农田利用的关键。农田畜禽粪污施用量应以作物预期产量和土壤肥力为基础，结合畜禽粪便中营养元素的含量、作物当年利用率来确定。

（二）粪污农田施用技术

固体粪污作为有机肥料，多用作基肥；液体粪污作为液体肥料进行施肥，多用作追肥，也可进行灌溉。液体粪污替代部分灌溉水浇灌农田，既可节约灌溉水资源，也可对粪污进行资源循环利用。

固体粪污农田施用方式相对单一，液体粪污用作肥料的施用方法主要包括：喷洒施肥、浅土混合施肥和深土注入施肥。

1. 喷洒施肥

包括罐车喷洒施肥和喷枪喷洒施肥。罐车施肥的主要设备有罐车和泵，罐车安装在拖车或卡车上，真空泵安装在罐车底盘的前部。装载时，泵将罐车抽成真空，液体粪污在压力的作用下通过抽吸管进入罐车内；农田施用卸载时，泵给罐内的液体粪污加压，迫使液体粪污经过阀门进入尾部的出流装置，喷洒于农田表面。喷枪施肥则通过管道将液体粪污输送到农田，最后经由喷枪喷洒出来，喷枪由防腐材料制造，配有可调式扇形弧度控制装置、近区施肥的附加喷嘴及自润滑密封的滚珠轴承。

罐车喷洒施肥的优点：罐车既可作为液体粪污施肥的备用设备，也可作为距离较远的农田的灌溉设备；拖拉机可以到达的农田均可使用罐车施肥，增加了液体粪污管理的灵活性。主要缺点：受罐车容积、轮胎大小、土壤类型和湿度、行走路线等影响，会有不同程度的土壤压实问题；罐有时会发生泄漏或溅洒，可能在运输过程中污染路面，引起邻里纠纷和公害；对大量液体粪污施肥效率低。

喷枪施肥的优点：对土壤的压实程度较轻，施肥速度快，对各种地形适应性强以及投资相对较低。主要缺点：造成大气污染；过量施肥引起地表径流；要求液体粪污中总固体物含量小于8%。

2. 深土注入施肥

指将液体粪污置于深度10 cm以下的土壤里，深土注入器主要安装在横杆上，横杆与拖拉机的三点悬挂装置相连，或与喷洒机自身的骨架相连。由于深土注入柄对车轮后面土壤的表层土有疏松作用，因此要将深土注入器安装在车轮后面，每个分配管座可以连接2～5个弹簧支撑的深土注入柄。尽管深土注入器上可以安装槽式开沟器，在深土注入柄的前面挖开一条窄沟，但不适用于草地。典型深土注入器的末端为5 cm的凿、鸭掌形或25cm宽的平铲，深土注入施肥不需要其他的土壤耕作措施。

主要优点：能极大地减少氨的挥发、臭气排放、表面径流和病原菌的传播，使液体粪污的管理更加灵活，施肥精确，均匀性好。主要缺点：分配管易堵塞，出流速度慢；可用于春季和秋季无作物农田施肥或者条播作物生长期的侧施追肥，无法用于生长期作物施肥以及不适用于固体含量高的液体粪污施肥。

3. 浅土混合施肥

指将液体粪污施用到深度不足10 cm的土壤里。与深土注入施肥相同，浅土混合施肥也不需要辅助其他的土壤耕作措施。浅土混合施肥器包括S形齿松土铲、凹面圆盘和其他与罐车喷洒系统配合使用的浅耕工具。对于浅层粪土混合施肥，当使用交叉的S形齿松土铲施肥时，液体粪污养分的分布最均匀。与深土注入施肥相比，所需功率小，行走速度快，在石质土质上的问题更少，S形齿松土铲和凹面圆盘施肥时，由于液体粪污能与土壤充分混合，因此能有效促进液体粪污中有机氮矿化。

主要优点：与深土注入施肥相同，能减少氨的挥发、臭气排放、表面径流的形成及病原菌的传播；使液体粪污的管理更加灵活；施肥精确，均匀性好。主要缺点：分配管易堵塞，出流速度慢，无法用于生长期作物施肥以及固体含量高的液体粪污施肥。

六、生态种养技术

生态种养技术是根据养殖规模，配套足够的种植面积，将养殖产生的排泄物全部用于种植施肥的一种循环利用技术模式。

（一）主要建设内容

建设内容主要包括四个方面：沼气池、沼液沉淀和贮存系统、沼液输送系统（自流沟、输液泵及管道、运输车等）、沼液施用系统等。

（二）沼液施用负荷

由于沼液施用量受到施用对象以及其他制约因素的影响，很难确定其具体的标准值。按猪的排污当量换算，不同施用对象的沼液施用负荷可参考以下准则。果园：4头猪/亩；园地：5头猪/亩；稻田：3头猪/亩；林地：2头猪/亩；设施化农业用地：20～30头猪/亩；鱼塘：2～4头猪/亩。

七、畜禽粪便生物利用技术

畜禽粪便综合利用方式很多，还可以利用牛粪做卧床垫料，粪便用于养殖蚯蚓、种植蘑菇等。

（一）牛粪卧床垫料利用技术

将奶牛场的粪污经固液分离，固体牛粪再经堆积发酵无害化处理后用作卧床垫料，既解决了垫料的来源问题，也开拓了牛粪的利用渠道。

主要优点：牛粪不需要从市场购入，不受市场控制；成本低，舒适性、安全性较好；与沙土等垫料材料比，不会造成清粪设备、固液分离机械、泵和筛分器等磨损，在输送过程中不易堵塞管路；牛粪作为卧床垫料松软不易结块，不容易导致奶牛膝盖、腿部受伤；有利于后续处理等。

（二）粪便养殖蚯蚓技术

畜禽粪便是养殖蚯蚓的最佳饲料来源。饲料可由牛粪、农作物秸秆和果皮果渣（西瓜皮、橘子皮等）组成，牛粪与果皮渣约占70%。

蚯蚓可建池饲养或立体饲养，建池饲养时，在地面挖出大小合适的坑，做成防逃防积水即可；立体饲养时，搭架建槽，每层间隔 40 cm；也可用木箱、篓、盆、缸、室内堆料饲养。养殖蚯蚓适宜温度为 10 ～ 30 ℃，在冬季加遮盖即可，不让蚯蚓冬眠，防暴晒及雨淋，适宜湿度为 60% ～ 70%。一般将新鲜牛粪直接投入，如果堆放太久偏干，可稍喷些水，以手指间见水珠但不滴下为宜。酸碱度 pH 值为 6 ～ 8。

（三）粪便种植蘑菇技术

牛粪、猪粪是种植蘑菇的最佳原料，用粪便和麦草、稻草、锯末等配制蘑菇培养料，为蘑菇蛋白质合成和新陈代谢提供氮素和碳。

将家畜粪便晒干、粉碎后备用；选未变质的锯末，过筛后在阳光下暴晒 2 ～ 3 天，晒时要摊匀、晒透。粪便、锯末按体积比 1 ∶ 1 的比例混合，加入粪便和锯末总重量 0.3% 的碳酸氢铵、2% 的磷酸二氢钾、约 2% 的生石灰（生石灰的加入量，根据其质量而定，要求混合均匀后，pH 值为 7.5 ～ 8）、2% 的轻质碳酸钙。混合均匀后加水，使水分含量达 68% ～ 70%，然后建高 1 m、宽 1.2 m，长度不限的料堆。

第三节　畜禽养殖粪污处理利用模式

一、还田处理模式

还田处理模式是将畜禽粪污还田用作肥料，是一种传统的、经济有效的粪污处置方法，可以实现畜禽粪污零排放。目前，中小型养殖场或集中饲养的小规模养殖场的粪污处理基本上都采用这种模式。首先将干粪（或吸收粪尿垫草）人工清扫出畜禽舍，清扫出的干粪外销或堆放后生产堆肥。用少量的水冲洗畜禽舍中残存的粪尿并贮存于贮存池中，在施肥季节向农田施用。

（一）优点

最大限度实现资源化，可以减少化肥施用，增加土壤有机质及肥力；节省投资，年出栏 5 000 头的养猪场，猪污水贮存期为 120 天，投资约 20 万元；不耗能，不需专人管理，基本无运行费。

（二）缺点

存在着传播畜禽疾病和人畜共患病的危险；不合理的使用方式或连续过量使用会导致硝酸盐、磷及重金属的沉积，从而对地表水和地下水构成污染；恶臭以及降解过程产生的氨、硫化氢等有害气体的释放会对大气构成威胁。

（三）适用范围

1.在远离城市和城镇、经济不发达、土地宽广，有足够的农田消纳养殖场粪污的地区，特别是周边有可常年施肥的农业种植地区，如蔬菜、经济作物的设施化农业生产区可以采用这种形式。

2.畜禽养殖场规模不宜太大，一般出栏生猪在5 000头以下。当地劳动力价格低，使用人工清粪养殖方式，冲洗水量少、污水浓度低。

3.畜禽粪便和污水的贮存池体积要大于当地农作物用肥的最大间隔时间本养殖场粪污产生量的体积。

二、能源生态模式

能源生态模式是畜禽养殖场污水经厌氧反应处理后，消化液不直接排入自然环境，而是作为农作物的有机液体肥料的工程。这种污水净化工程适用于畜禽养殖场周边有足够的农田、鱼塘、植物塘等，能够完全消纳经厌氧（沼气）发酵后的沼渣、沼液，使畜禽养殖成为生态农业园区的纽带。目前，能源生态模式已经成为比较成熟的、适用的，以综合利用为主的畜禽养殖粪污处理利用主要模式。采用能源生态模式的建设目标是沼气产生与污染治理相结合，实现沼渣、沼液的综合利用。畜禽养殖污水在经厌氧反应后，再经沉淀或固液分离处理，将剩余的沼渣、沼液作为优质有机肥，用于农业生产，这种工艺遵循了循环农业原则，具有良好的经济、环境和社会效益。

（一）优点

变废为宝，最大限度地对粪污进行资源化利用，可以减少化肥施用，增加土壤肥力。

（二）缺点

需要足够的土地对沼渣沼液进行消纳，雨季以及非用肥季节需要足够的贮存池对沼渣沼液进行贮存；施用方法不当或连续过量施用会导致硝酸盐、磷及重金属的沉积，对地表水和地下水造成污染；施肥过程中挥发的氨、硫化氢等有害气体可能对空气造成一定程度的污染。

（三）适用范围

养殖业和种植业的合理配置，即养殖场周边有足够农田或土地能够消纳发酵后的沼液、沼渣，使污水净化工程能成为生态农业的纽带；养殖场周边环境容量大，排水要求不高；沼液浓度高，必须有足够且完善的沼液储存与浇灌系统；由于厌氧反应需要一定的温度，而一些地区冬季温度低，为保证厌氧反应的正常运行，必须对厌氧反应器进行保温，且配备加温系统，以保证厌氧反应所需的温度条件。

三、能源环保模式

能源环保模式是畜禽养殖场的畜禽粪便经干清后用于生产生物质燃料颗粒或生物有机肥，污水经处理后直接排入自然环境或以再利用为最终目的的模式。该模式要求最终出水达到国家或地方规定的排放标准。此类模式一般用于畜禽养殖场周边环境无足够的土地消纳畜禽粪污，必须将其进行处理达标后排放或降低污染物浓度后为农业利用，满足周边环境条件的要求。采用能源环保模式的建设目标是畜禽粪便必须由固定设备加工利用（生物质燃料颗粒或有机肥），污水经过处理后，减量化、无害化后农业利用或达标排放。采用此模式具有良好的环境、社会效益。污水处理一般采用厌氧反应工艺（UASB/ECSB 反应器）与好氧反应工艺（SBR 反应器、接触氧化）相结合的典型工艺路线。

（一）优点

畜禽养殖粪污处理效果好，污染治理较彻底；受地理位置限制少，受季节温度变化的影响小。

（二）缺点

投资大，能耗高，运转费用高；机械设备较多，维护管理量大；管理、操作技术要求高，需要专门的技术人员进行运行。

（三）适用范围

周边缺少消纳畜禽废弃物土地的大型规模化养殖场，污水处理量宜大于每小时 10 吨；养殖场周边排水要求高，污水需减量化、无害化处理后农业利用或达标排放。

参考文献

[1] 张永康. 畜牧养殖与兽医防治知识手册 [M]. 昆明：云南科技出版社，2022.

[2] 张永康，李世满. 养猪实用技术 [M]. 银川：阳光出版社，2022.

[3] 杨鸿斌，刘维平. 肉羊标准化生态养殖与保健新技术 [M]. 银川：阳光出版社，2021.

[4] 于国刚，张广智. 畜牧业养殖实用技术与应用 [M]. 咸阳：西北农林科学技术大学出版社，2021.

[5] 王晓平，李晓燕. 现代畜牧业生态化循环发展研究 [M]. 咸阳：西北农林科技大学出版社，2021.

[6] 赵万余. 肉牛健康生产与常见病防治实用技术 [M]. 银川：阳光出版社，2021.

[7] 钱峰，秦嘉艺. 动物药理 [M]. 重庆：重庆大学出版社，2021.

[8] 刘喜雨，郭向周. 绿色生态养殖技术 [M]. 昆明：云南大学出版社，2020.

[9] 杨敏，邓继辉. 养殖场环境卫生与畜禽健康生产 [M]. 重庆：重庆大学出版社，2020.

[10] 张巧娥. 肉牛养殖常见问题解答 [M]. 银川：阳光出版社，2020.

[11] 区燕宜. 畜禽养殖废弃物综合处理利用技术 [M]. 广州：广东科技出版社，2020.

[12] 王雪娇. 中国肉羊生产的经济效率研究 [M]. 昆明：云南大学出版社，2020.

[13] 赵智勇，胡清泉. 畜禽粪污高效管控及利用技术 [M]. 昆明：云南科技出版社，2020.

[14] 蔡兴芳. 规模化养猪实用教程 [M]. 成都：西南交通大学出版社，2020.

[15] 张军. 畜禽养殖与疫病防控 [M]. 北京：中国农业大学出版社，2019.

[16] 刘海波，惠永华. 畜禽养殖与疾病防控 [M]. 昆明：云南科技出版社，2019.

[17] 张占峰. 科学养猪技术 100 问 [M]. 石家庄：河北科学技术出版社，2019.

[18] 李文杨，吴贤锋. 优质山羊养殖技术问答 [M]. 福州：福建科学技术出版社，2018.

[19] 吴买生，印遇龙. 土猪生态养殖 [M]. 长沙：湖南科学技术出版社，2018.

[20] 付茂忠. 科学养殖肉牛 [M]. 成都：四川科学技术出版社，2018.

[21] 杨世忠，王林杰. 美姑山羊科学养殖技术 [M]. 成都：四川科学技术出版社，2018.

[22] 黄炎坤，王雪华. 三农肉鸭健康养殖技术问答 [M]. 北京：科学普及出版社，2018.

[23] 张巧娥，封元. 肉牛健康高效养殖培训实用技术 [M]. 银川：阳光出版社，2018.

[24] 李和平，朱小甫. 高效养猪视频升级版 [M]. 北京：机械工业出版社，2018.

[25] 李典友，高松. 药用昆虫高效养殖与药材加工 [M]. 郑州：河南科学技术出版社，

2017.

[26] 李尚敏 . 肉鸭高效养殖新技术 [M]. 合肥：安徽科学技术出版社，2017.

[27] 李素霞，刘双 . 畜禽养殖及粪污资源化利用技术 [M]. 石家庄: 河北科学技术出版社，2017.

[28] 洪重光，郑万萍 . 千头规模奶牛场标准化养殖技术工艺 [M]. 北京：中国农业大学出版社，2017

[29] 蒋宏伟 . 现代生猪养殖与疾病防治技术 [M]. 咸阳：西北农林科技大学出版社，2017.

[30] 印遇龙 . 畜禽标准化生产流程管理丛书生猪标准化养殖操作手册 [M]. 长沙：湖南科学技术出版社，2017.

[31] 刘霞，景小金 . 牛病 [M]. 贵阳：贵州科技出版社，2017.

[32] 王学君，王晓佩 . 规模化奶牛场科学建设与生产管理 [M]. 郑州：河南科学技术出版社，2017.

[33] 张昌莲，黄勇 . 果园林地生态养鹅关键技术 [M]. 北京：中国科学技术出版社，2017.

[34] 赵春民，韩秉村 . 三疣梭子蟹育苗与养成高产新技术 [M]. 北京：金盾出版社，2017.

[35] 马永喜 . 畜牧养殖废弃物处理的环境经济效应研究 [M]. 北京：中国环境出版社，2016.